農の技術を拓く

Nishio Toshihiko
西尾 敏彦

創森社

日本の農を拓いた人と風土を訪ねて～序に代えて～

日本列島の土には、どこへ行っても、この国の「農」を拓《ひら》いた先人《せんじん》たちの知恵と工夫が滲《し》み込んでいる。本書はこうした先人の足跡を、明治から昭和にかけてたどった、いわば時空を超えての探訪記、わたし自身の心情からいえば「巡礼の記」である。

この国で、農業技術がいかに頼りにされてきたかを示すあかしは、先人を称える記念碑・顕彰碑の数が多いことだろう。

古くは現在の水稲品種の祖である「神力《しんりき》」「旭《あさひ》」「亀《かめ》ノ尾《お》」から、近年では良食味品種の「コシヒカリ」や多収品種の「日本晴《にっぽんばれ》」まで。品種以外でも、戦後、食料危機の救世主となった「保温折衷《せっちゅう》苗代」、田植機発明の契機となった「室内育苗法」など。国内各地にみられる碑《いしぶみ》は、いずれも農家と農業関係者の寄金によって建立されたもので、どこを訪ねてもきれいに管理されていた。

先人が育てた原樹も大切に守られている。茶の「やぶきた」は大きく葉を茂らせているし、ウメの「南高」、カキの「刀根早生《とねわせ》」も大切に保存されていた。世界一の生産量を誇るリンゴの「ふじ」の原樹には、ときどき賽銭があがるという。ナシの「二十世紀」の原樹は空襲で枯れてしまったが、鳥取「二十世紀」の親木は、秋には今もたくさんの実をつけている。

先人を慕う農家や後輩たちの集いも多い。大井上康《おおいのうえやすし》のブドウ「巨峰《きょほう》」の日本巨峰会は今も研鑽に励んでいる。水稲「千本旭《せんぼんあさひ》」の育成者岩槻信治《いわつきしんじ》顕彰会、「藤坂《ふじさか》5号」の田中稔《たなかみのる》顕彰会は、名前こそ変わったが、愛知県と青森県でつづいている。「室内育苗法」の開発者松田順次《まつだじゅんじ》を偲ぶ松田会は毎年、長野県飯山市で開催されている。その昔、松田会の農家と歓談したことがあったが、あの熱気は今も忘れられない。

本書を読まれた方は、農業技術の進歩が、他分野のように、一握りのプロ集団によって導かれているものでないことを知っていただけるだろう。もちろん大学や試験場研究者の力も不可欠だが、真に農業を動かす技術の原動力は現場から生まれている。

農家はもちろん、農業を愛する人すべてが創造者であり、開発者であった。農家の主婦がみつけたサツマイモ「紅赤《べにあか》」、十三歳の少年が発見したナシの「二十世紀」、高校生が選んだウメの「南高」、村の鉄工所が製作した「耕うん機」、街の電気屋さんが発明した「稚苗田植機」など、例はいくらでもある。

読者はまた、技術開発の多くが独りの創始者の力だけでなく、これを受け継ぎ、磨きあげる、多くの人びとの連けいプレーがあって、はじめて達成できるものであることを理解されるだろう。親から子へ孫へ、世代を超えて技術開発が継承されている久能山の「石垣イチゴ」、村内の農家が一丸となって品種選定に取り組んだ「南高」ウメなど。農業技術の開発には、多数の人の参加と協力があって、はじめて成し遂げられるものが多い。農業の歴史はこうした人びとが参加する技術革新があって、活力を持続してきたのである。

明治以来、わが国農業が発展を遂げてきた最大の理由は、農業が苦境に陥《おちい》るたびに、いつも現場から技術革新がまき起こり、これを克服してきたからだと、わたしは思っている。

昭和初頭の冷害回避に貢献した「陸羽《りくう》132号」。戦後の食料難克服の主役「水稲保温折衷苗代」とサツマイモ「沖縄100号」。高度経済成長期の稲作を支えた「田植機」や「日本晴」。国際化時代の防波堤となったリンゴの「ふじ」、ブドウの「巨峰」、サクランボの「佐藤錦《さとうにしき》」。そして地域おこしの核となっている「となみのチューリップ」、カキの「刀根早生」など。こうした革新技術が生まれなかったら、日本農業は今以上に苦境に立っていただろう。

農業は今、冬の季節にあるが、すぐ近くまで春がきていることは間違いない。そしてその春を呼ぶのは、現場からわき起こる技術革新、わけても農家自身がまき起こす技術革新であることを、歴史は教えている。

本書が、日本農業を揺り起こす技術革新の、一つのきっかけとなれば幸いである。

平成22年（2010）4月

西尾敏彦

農の技術を拓く――もくじ

もくじ

〈ＭＥＭＯ〉

品種名の一部については正式登録品種名ではなく、一般に呼称される品種名を採用。漢用数字の登録番号を算用数字にし、一部の系統名とともに「」でくくって表記しています。また、故人などの敬称略。取材後の施設の名称変更については、一部は執筆時のままの名称になっています。年号には西暦、旧市町村名には現在の市町村名を併記しています。

本書は日本農業新聞に連載（平成19年1月1日～7月1日）された「農の軌跡」をもとに補筆し、新たに４話を加えて編纂したものです。

第1部

現在の多収品種も源は農家の水田から

田中芳男と内藤新宿試験場

田中芳男

1839〜1916

リンゴの接ぎ木第1号

明治が間近に迫った慶応2年（1866）のこと。当時、巣鴨にあった福井藩松平春嶽《まつだいらしゅんがく》の別邸で、一人の若者がアメリカから渡来したばかりのリンゴを、海棠《かいどう》の台木に接ぎ木してみせた。〈接ぎ木などなにが珍しい〉といわれるかも知れない。

今でこそ、リンゴはわが国の主要果樹だが、もとはこの時期にアメリカなどから入ってきたものである。在来の「和リンゴ」はゴルフ球ぐらい。酸味が強く、とてもおいしいとは言い難かった。彼のこの接ぎ木が、わが国のリンゴの接ぎ木第1号になった。

ところで、この若者は幕府開成所の田中芳男《たなかよしお》といった。開成所といえば、欧米の先進的な学問の受け入れ窓口である。全国から集まった俊秀が医学や工学に熱中する中で、彼だけは「百姓の耕作」に興味をもった。

田中芳男といっても、知る人は少ないだろう。明治政府では内務省勧業寮を経て、農商務省（現在の農林水産省）初代農務局長になった人物である。もっとも彼の名は役人としてより、海外農作物の紹介者として知られている。

田中の恩恵に浴さない日本人はいない。幕末から明治にかけて、海外から流入した農作物の多くが、幕府の開成所や新政府の勧業寮にいた彼の手をわずらわしている。リンゴ・サクランボ・キャベツ・白菜など。今ではわたしたちの食卓に欠かせないこれらの農作物も、ほんの1世紀半前までは、日本人の口に入らなかった。

そんな農作物を導入し、この国の土に根づかせた主要拠点が、現在の「新宿御苑」の位置にあった勧業寮「内藤新宿試験場」であり、その中心にいたのが、田中芳男であった。

新宿御苑はかつての農業試験場

東京の新宿御苑はＪＲ新宿駅南口から徒歩で10分、週末になると家族づれで賑わっている。だがこの国民公園が、かつて農事試験場であったことを知る人はそう多くないだろう。

じつは明治5年（1872）、この地に勧業寮とその試験場「内藤新宿試験場」が置かれた。田中芳男はここに課長として勤務する。勧業寮は現在の農林水産省の前身だから、この試験場が農業関係試験場第1号に当たる。

もともとこの地は、信州高遠《たかとお》藩内藤家の屋敷跡であった。明治になって、隣接地を合わせた約58ヘクタールで、①内外農作物の試作、②農具の試験展示、③各種農産物の製造加工、④家畜飼養、⑤養蚕製糸試験が行われるようになった。「国立博物館」「駒場農学校」につながる「農業博物館」「農事修学場」も、ここに付設されていた。

内藤新宿試験場に集められた農作物は多い。明治7年（1874）の記録によると、果樹だけでも、国内産ナシ・クリなど58種、外国産ブドウ・リンゴなど127種が植えられていた。明治7〜9年（1874〜6）には、ここで増殖したリンゴ・サクランボ・ナシ・ブドウなど8万4000本を全国各府県に配布し、農業に新風を送り込んでいる。

だがその内藤新宿試験場も、明治10年（1877）、三田薩摩藩邸跡（現在の港区芝）にできた「三田育種場」に業務を移し、12年に閉鎖された。農事修学場もまた、11年に駒場野（現在の目黒区駒場）に移り、駒場農学校となった。いうまでもなく、東京大学農学部の前身である。跡地は宮内省に移管され、今日の新宿御苑への歩みをたどることになった。

野山に近代化の花を咲かせる

司馬遼太郎の代表作に『花神』がある。花神とは中国で、野山に花を咲かせる神のこと。明治維新で、近代化の花を咲かせた大村益次郎を花神になぞらえた。

司馬の花神に異議を唱えるつもりはないが、真にこの国の野山に花と緑をもたらした花神なら、田中芳男ではなかろうか。

田中が農業に残したものは、海外農作物の導入だけではない。彼がパリから持ち帰った動植物学の学術書は、彼自身の手で翻訳され、わが国生物学の進歩に貢献した。

彼が編纂した「教草《おしえぐさ》」は、農業をわかりやすく解説したイラスト。「稲米一覧」「養蚕一覧」など、総計30枚に及ぶ色刷り図解は、新技術の普及に大きな役割を果たした。

明治21年（1888）に、彼が育成した「田中ビワ」は今もなお主力品種で、栽培面積約4

和リンゴ（左）と現在のリンゴ

新宿御苑に現存する明治時代の庁舎

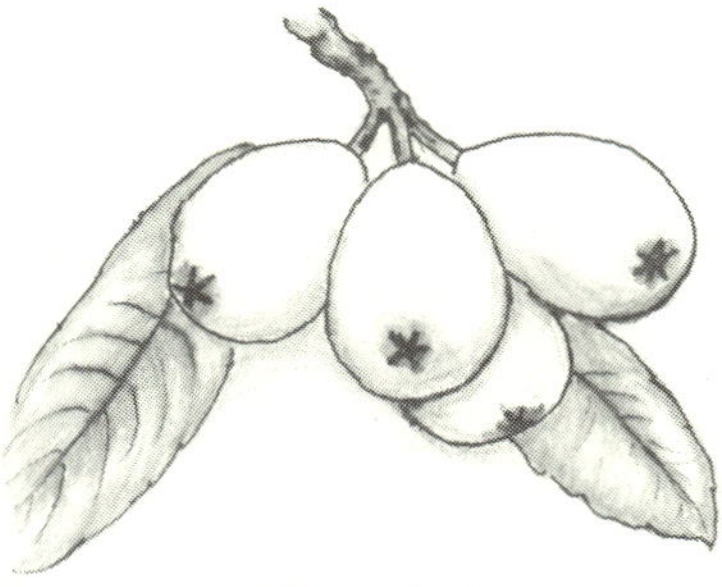

今なお主力品種の「田中ビワ」

00ヘクタール、品種別では第2位にランクされる。

農業教育に残した彼の功績も、忘れることはできない。彼が起草し、内務卿（大臣）に提出したといわれる農事修学場の拡充を求める意見書は、「駒場農学校」設立のきっかけになった。わが国の農業教育はここに発する。彼はまた東京農業大学の前身、東京高等農学校の校長として5年間在任している。

田中の貢献は農林水産業だけではない。「国立博物館」や「動物園」の創設に彼が果たした役割も大きい。上野の国立博物館には、創設者として田中芳男の肖像額が掲げられている。

大正5年（1916）、わが国農学の開祖、田中芳男は亡くなった。享年77。出身地の長野県飯田《いいだ》市には、名物のリンゴ並木に接して、彼の顕彰碑が建っている。

三田育種場と青山官園

近代農業の発信基地

東京のＪＲ山手線田町駅から歩いて5分、港区芝5丁目にはＮＥＣ本社ビルがある。地上43階、高さ１８０メートル。さながら宇宙に飛び立つロケットのようなこのビルを囲む生け垣には「薩摩屋敷跡」と記された石の標識が建っていた。江戸城開城で有名な西郷隆盛・勝海舟会見の場はこの辺りだったらしい。

明治10年（１８７７）9月30日、当時三田四国町といわれたこの地に、「三田育種場」が設立された。ほんの10年前、ここであったあの西郷・勝会見の当事者のひとり西郷隆盛が自決し、西南戦争が幕を閉じたわずか1週間後のことであった。

ところで、その三田育種場の場長には、後に農商務省次官や山梨県令（知事）を歴任した前《まえ》田正名《だまさな》が就任した。彼は前年に7年間のフランス留学を終え帰国したばかりだった。帰国に際し、果樹・野菜・穀類など大量の種苗を持ち帰ったが、それを植えるのには、それまでの内藤新宿試験場では狭すぎた。そこで時の内務卿（大臣）大久保利通《おおくぼとしみち》に願い、その結果、新たに設けられたのが三田育種場であった。

明治12年（1879）になると、やはり新宿にあった農具製作所もこの地に移り、翌年「三田農具製作所」として独立している。レーキ・プラウなど、西洋農具を模造し、府県に売却・貸与したのだが、こちらの評判はあまりかんばしくなかった。当時の日本人の体格に合わず、

NEC本社構内にある「薩摩屋敷跡」の標識

「舶来穀菜要覧」（三田育種場刊）

おもに畑作用で水田作業に適さなかったことが原因である。
今では高層ビルが建ち並ぶ大都会の真ん中だが、この近代日本の幕開け〈西郷・勝会見の地〉は、〈近代農業技術発祥の地〉でもあったのである。

種苗・農具の市でにぎわう

三田育種場があった薩摩藩邸跡といえば、その昔は、ここには島津藩の〈丸に十の字〉の旗印があちこちに掲げられていただろう。その旗印に義理立てしたわけではないだろうが、藩邸跡にできた三田育種場も、圃場《ほじょう》が〈丸に十の字〉に仕切られていた。育種場の18ヘクタールを〈田の字〉の4大区に分け、幅4間（7・3メートル）の馬車道を十字に通し、その周囲に円形の競馬用走路を設けたためである。

明治10年（1877）9月30日の開場式では、ここで競馬が盛大に挙行された。ちなみに、これがわが国競馬の嚆矢《こうし》といわれる。競馬はその後もしばしば開催されたようで、明治天皇も観戦のため行幸されたという。

前田が記した「三田育種場着手方法」によると、育種場の4区分された圃場の第1大区には国内産百穀を栽培し、畦畔《けいはん》にはコウゾ・ハゼ・クルミ・オリーブなどを植えたらしい。第2大区にはビワ・ミカン・リンゴ・ナシなど内外の果樹を植え、第3大区は各種ブドウ品種を栽植、ワインの醸造と種苗の配布に当てた。

三田育種場付設の牧羊場

注目されるのは第4大区である。ここでは市《いち》が開催され、小市は毎月1、11、20日、大市は毎年4月10日と10月15日に開催された。市では内外から家畜・穀物・野菜・種苗・農具・農産加工品など多数が出品・競売され、賑わっていたという。

現在のわたしたちは「育種」というと、品種改良を頭に浮かべるが、三田育種場の「育種」は、種苗を育てる所といった意味であったようだ。三田育種場はまさに近代農業という種苗を日本中に播《ま》いて回った育種基地だったのである。

北海道向け種苗の養成

内務省勧業寮が設立した三田育種場について語ったからには、近くの青山にあった北海道開拓使の官園についても語らなければ、片手落ちになってしまう。

こちらは開拓使が創設されて間もない明治4年（1871）に、いち早く設立された。おもに北海道向け種苗の養成を目的とし、通称を青山官園、別名を東京農業試験場と呼ばれた。園場は3か所に分かれていて、第1官園は青山南町、現在の青山学院あたりおよそ12ヘクタール、禾穀《かこく》類・いも・野菜・果樹を栽培した。第2官園は青山北町、日赤医療センターと聖心女子大学周辺の合わせて約45ヘクタールで、西洋野菜・果樹・花卉《かき》の栽培に当てられている。第3官園は麻布新笄町《しんこうがいちょう》、現在のスイス大使館の位置にあって約10ヘクタール、牧草・牧畜・農作業機械の試験に当てられた。官園の管理は、アメリカ人技師が分担したようで、北海道酪農の父と呼ばれて有名なエドウィン・ダンは、しばらくこの第3官園にいたらしい。

青山官園はもともと海外から導入した農作物・家畜をいったんここで馴化《じゅんか》させるのが目的だったため、順次、函館郊外の七重《ななえ》官園（七重農業試験場）に業務を移し、さらに札幌・根室の両官園へと移されていった。

内藤新宿試験場、三田育種場、そして青山官園といい、明治新政府は海外からの新作物・家畜の導入を農業近代化の第一歩と考え、とくに重視していたようだ。現在の農業の主軸をなしている農作物、家畜、牧草などの多くは、これらいずれかの圃場を経て、この国の土に根づいたと考えてよい。

その歴史的な業務も終わり、開拓使官園は明治15年（1882）に、三田育種場は19年（1886）に閉鎖された。

福羽逸人と新宿御苑

福羽逸人
1856〜1921

「野菜促成栽培」を考案

内藤新宿試験場の閉鎖で、いったん農業から縁の切れた新宿御苑で、ふたたび農業が芽吹いたのは明治24年（1891）からである。

この年、宮内省所管になっていた「新宿植物御苑」に、フランス留学を終えた福羽逸人《ふくばはやと》が帰任した。福羽は島根県津和野の人。若い時代、実習生として内藤新宿試験場に勤務、また後で述べる「播州《ばんしゅう》葡萄園《ぶどうえん》」の園長も務めた。新宿へは12年ぶりの復帰だが、以後の生涯をここで過ごすことになった。

福羽がまず情熱を傾けたのは、イチゴ・ナス・キュウリなどの促成栽培であった。今日広く耳にする「促成栽培」という言葉は、この時、彼が命名したものである。

もちろんわが国でも、江戸時代から江戸の砂村（現在の江東区砂町）、京都の聖護院《しょうごいん》で、堆肥の醸熱を利用した〈野菜の早づくり〉が行われていた。周囲をワラで囲み、これに油紙や渋紙障子を被せるのだが、保温期間が短く、促成の効果は少なかった。

明治23年（1890）、福羽はフランスで学んだ知見を生かし、ガラス障子の「片屋根式木枠温床」を考案する。地面も掘り下げ、きゅう肥・落ち葉などを30～36センチの厚さに踏み込むのだが、生育適温を5～7週間も保持することができ、良質の早出し野菜を生産することができた。

福羽の偉大さは、この栽培法を苑内に留めることなく、農家に広めたことである。最初はガラスが高価で、あまり普及しなかったようだが、明治30年代後半になると、愛知県の清洲《きよす》や静岡県の久能《くのう》地方に普及し、やがて全国に広まっていった。

温室栽培の先駆者として

新宿御苑の大木戸門を入ってすぐ右手に、わが国でも最大級といわれる大温室が建っている。広い室内にはパパイアなどの熱帯果樹やさまざまなラン、無数の熱帯・亜熱帯植物が植栽され、訪問者の目を楽しませてくれる。

じつはこの辺りは、わが国における温室発祥の地で、「内藤新宿試験場」時代にも温室が建っていた。明治8年（1875）に建設されたものだが、5年（1872）に青山に建てられた「開拓使官園」の温室とともに、わが国最古の温室といわれる。試験場実習生だった若き日の福羽逸人は、ここではじめて温室に出会ったに違いない。

福羽は温室栽培でも先駆者だった。御苑に復帰して2年目の明治26年（1893）には、本格的な加温式温室を御苑に建設し、パイナップルやメロン、各種のランや熱帯果樹の栽培に着手している。彼はまた、ランの珍種を多数輸入し、品種改良も試みている。

福羽の温室に対する力の入れようは尋常でなかった。暇さえあれば温室に足を運び、専属の園丁以上に熱心に見て回った。海外出張から帰った夜など、そのまま温室に直行し、ロウソクの明かりに照らされる植物を見てから帰宅したという。

当時「永芳園」と名づけられていたこの温室で育てたみごとな花や果物は、宮廷の宴に彩りを添えたに違いない。

わが国の施設園芸は平成15年（2003）現在、5万2000ヘクタール。世界有数の栽培面積を誇る。低迷する日本農業の中で、ひとり気を吐く施設園芸だが、その原点が新宿御苑にあることは、意外に知られていない。

促成イチゴ「福羽」を育成

わが国園芸の始祖といわれる福羽逸人が新宿御苑に残した技術遺産のもう一つは、イチゴ品種の「福羽」である。

　野菜の促成栽培を完成させた彼が、つぎに促成栽培用品種の育成に取り組んだのは、当然のなりゆきだった。

　「福羽」は明治32年（1899）に、当時宮内庁管下にあった新宿御苑で育成された。フランスから「ジェネラル・ジャンジー」という品種の種子を取り寄せ、その実生《みしょう》から選抜したものである。はじめは門外不出とされ、上流階級でないと口にできなかったようだが、昭和のはじめから静岡県久能山《くのうざん》地区を中心に栽培され、やがて各地に広がっていった。御苑で育成され

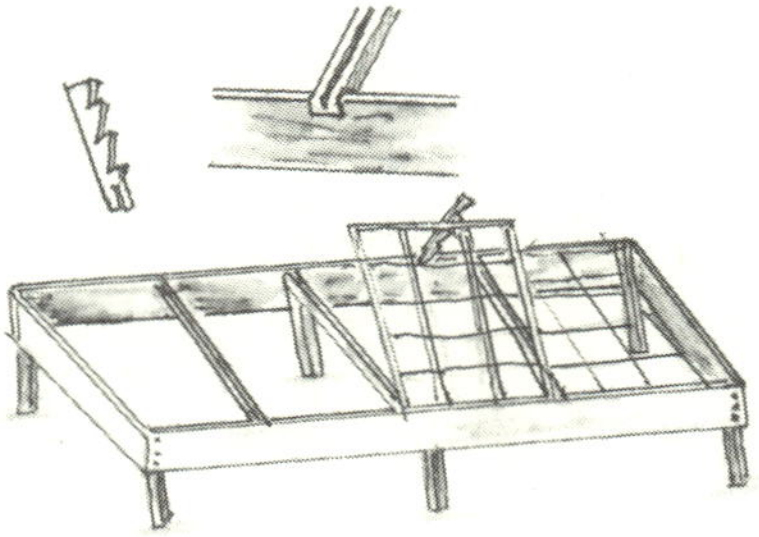
ガラス障子の「片屋根式木枠温床」

現在の新宿御苑大温室

国産初のイチゴ品種「福羽」

たので、「御苑イチゴ」「御料イチゴ」とも呼ばれた。

「福羽」はそれまでの外来品種に比べ、早生で、大粒で、肉質もよく、低温下でもよく結実する。クリスマスや正月用によろこばれた。大正の中ごろから昭和40年代までのほぼ半世紀にわたって、促成イチゴの王座にあった。

最盛期の昭和35年（１９６０）ころには、静岡・神奈川・千葉の三県を中心に、約１７００トンが生産された。育種母本《ぼほん》としてもすぐれ、最近のめまぐるしく変わる品種も、ほとんどがこの「福羽」の血を受け継いでいる。

平成15年（２００３）、わが国のイチゴ生産は20万トンを超え、世界でもトップレベルにある。このイチゴ栽培の発展に、福羽逸人が果たした役割はきわめて大きい。

大正10年（１９２１）、福羽逸人は66歳で亡くなった。宮中顧問官・子爵と、多くの栄誉を受けたが、園芸学の創始者としての誉《ほま》れにまさるものはないだろう。

福羽逸人と播州葡萄園

ブドウ農業への夢

平成8年（1996）7月のこと。兵庫県加古郡稲美《いなみ》町印南《いんなみ》地区で、圃場整備作業中のパワー・シャベルが、地中に敷きつめられたレンガの床を掘り当てた。明治新政府が殖産興業の夢を託して開設した「播州葡萄園《ばんしゅうぶどうえん》」が、120年ぶりによみがえった瞬間であった。

播州葡萄園は明治13年（1880）、当時、印南新村《しんそん》といわれたこの地に創立された。敷地面積は約30ヘクタール、はじめは中央の三田育種場の支場だったが、3年後に独立した。葡萄園づくりを提案したのは、当時三田育種場にいた福羽逸人《ふくばはやと》であった。彼の夢は〈フランスのように、ブドウ農業をわが国にも定着させ、農業の近代化を図りたい〉ということにあった。

福羽逸人については、新宿御苑の項でも述べた。現在の島根県津和野町で生まれ、16歳で上京、内藤新宿試験場で研修を受け、同場の閉鎖とともに、三田育種場に移る。後にわが国近代園芸の始祖と仰がれる彼も、当時は弱冠24歳。にもかかわらず明治15年（1882）から、この葡萄園に常駐し、種苗導入からワインづくりまで、陣頭指揮をとった。

葡萄園の経営は開園の当初、順調にみえた。明治17年（1884）には、栽植本数が11万本に達し、1005貫（3770キロ）のブドウと、6石（1キロリットル）の葡萄酒を生産している。施設も最盛期には管理事務所のほか、ワイン醸造場とブランデー蒸留場、日本最初のガラス温室、堆肥場など、十数棟が建ち並び、幅5メートルの馬車道が整備されていた。

ときの西郷従道《さいごうつぐみち》農商務卿（大臣）など、つぎつぎに視察に訪れた政府高官たちは、この道を馬車音も高く、通り過ぎていったことだろう。

害虫と台風で挫折

わが国にブドウ農業定着を夢みて発足した「播州葡萄園」だが、明治18年（1885）になると、早くも壁に突き当たる。

立ちはだかったのは、なんと体長1ミリに満たない害虫フィロキセラ（ブドウネアブラムシ）。この年、ヨーロッパで大被害をもたらしたこの害虫が、苗木とともに日本に上陸、葡萄園にも侵入してきた。フィロキセラは繁殖力旺盛で、樹液を吸って樹を枯死《こし》させる。現在は抵抗性台木もあるが、ヨーロッパ品種がとくに弱いため、それが多い播州葡萄園ではひとたまりもなかった。

悪いことは重なるもので、この年と翌年に台風が襲来、衰えた樹を痛めつけた。そのため枯死する樹が続出し、以後、葡萄園の経営は下り坂になっていった。

追い撃ちをかけたのは、園長の交代と民間移管だった。明治19年（1886）には、肝心な推進者の福羽逸人園長がヨーロッパ園芸視察の命を受け、葡萄園を去る。後任は、やはりブドウ農業に熱心だった前田正名《まさな》で、2年後には彼に払い下げられた。

もともと払い下げは、政府の既定方針だったようだが、発足まもないブドウ農業が一人歩きできるはずもなかった。明治29年（1896）、葡萄園は印南の野から姿を消し、やがて水田に変わっていった。

播州葡萄園の閉鎖は、西欧式農業を夢見た明治政府が味わった最初の挫折といってよい。だがこの捨て石があって、今日の果樹農業の発展があったことも、間違いないだろう。

葡萄園歴史の館

8月の暑い日、兵庫県稲美町の万葉公園に、「播州葡萄園歴史の館」を訪ねてみた。印南は万葉ゆかりの地。万葉集にも、山部赤人や柿本人麻呂の和歌が載せられている。

「播州葡萄園歴史の館」は、「稲美町郷土資料館」に隣接していて、郷土資料館の岸本一幸氏が案内してくださった。

「歴史の館」内には、発掘調査で出土したブドウ酒のボトル、レンガ、瓦などが陳列されていた。壁には醸造場・ガラス温室・地下貯蔵庫など、遺構の発掘写真も掲げられている。葡萄園は短命だったが、その確かな証《あかし》をここでみることができた。

発掘現場はすでに埋めもどされて、遺構をみることはできない。わずかに「馬車道」と「葡萄園池」などという地名が、往時のなごりをとどめていた。かつての馬車道には、ニセアカシアの並木が植わっていたそうで、このあたりの土からは、今でもニセアカシアが自生してくるという。

わたしが訪問したとき、葡萄園跡は畑地だったが、最近は地元の努力で、一部にブドウ園が復活、将来は記念公園を建設する計画もあると聞く。

「播州葡萄園」があった印南地区は、現在、稲美町の中でも、施設園芸がさかんな地域であるとのこと。福羽逸人が若い時代に情熱を傾けた播州葡萄園の遺跡の上に、後年、彼が新宿御苑に移ってから開発・普及に心血を注いだ「促成栽培」の野菜ハウスが立ち並んでいる。歴史のおもしろさというべきだろう。

温室ブドウ定着のきっかけ

播州葡萄園はわずか十数年で幕を閉じた。だが、福羽逸人の試みのすべてが水泡に帰したわけではない。ここに足を運んだ岡山県津高《つだか》郡栢谷《かいだに》村（現在の岡山市北区栢谷）の農家大森熊太《おおもりくまた》郎《ろう》・山内善《やまうちよし》男《お》らによって、同地に温室ブドウが根づくきっかけになったからである。大森や山内たちがブドウ栽培をはじめたのは、明治8年（1875）。14年から播州葡萄園に出向き、福羽と交流を持つようになった。はじめは醸造にも関心があったようだが、やがて彼らの興味は生食用高級ブドウづくりに絞られていった。

明治19年（1886）、山内は播州葡萄園をモデルに温室をつくり、欧州種「マスカット・オブ・アレキサンドリア」を栽培、3年後に23キロの収穫をあげた。片屋根で頭のつかえそう

敷きつめられたレンガの床

万葉ゆかりの地にある「播州葡萄園歴史の館」

大森らの偉業をたたえる「温室」

な、狭い温室だったらしい。23年（1890）の第3回「内国勧業博覧会」には、大森が鉢植えのマスカットを出品し、好評を博している。岡山特産の「マスカット・オブ・アレキサンドリア」は、ここに源を発する。

山陽自動車道岡山インターから北に10分、岡山市北区栢谷は今も「マスカットの里」と呼ばれ、温室ブドウの産地である。ここには大森らの偉業をたたえる「温室葡萄創始者顕彰碑」と「原始温室」が建立され、地元農家の手で、当時のままのブドウ栽培が再現されている。温室ブドウ発祥からすでに120年、この長い期間、温室ブドウを守りつづけた人びとの誇りが、ここに凝集されているのだろう。

姉妹園の神戸阿利襪園

最後に、播州葡萄園の姉妹園であった「神戸阿利襪園《オリーブ》」にも触れておこう。

播州葡萄園ができた同じ明治のはじめ、神戸市山本通り、現在の兵庫県庁の辺りに、三田育種場の支場があった。亜熱帯植物が試植されていたが、その中におよそ1ヘクタール、600本ほどのオリーブ樹が植えられていた。これもまた前田正名がフランスから持ち帰ったもので、明治17年（1884）に独立し、「神戸阿利襪園」と名づけられた。福羽はこの園の管理もまかされていた。明治政府にとって、彼はよほど便利な園芸専門家だったのだろう、18年（1885）には2石（360リットル）ほども実がなり、420瓶のオリーブ・オイルと、

50瓶ほどの塩漬けオリーブを生産している。

もちろんそういっても、若い福羽がブドウやオリーブの栽培・加工すべてに精通していたとは考えがたい。彼の片腕といわれた片寄俊の述懐によると、「ただ書籍を便《たよ》りて実地に試み、昼は園具を執り、夜間は書籍と首引きであった」とある。先人たちはこんな苦労を重ね、新知識を習得していったのだろう。

神戸阿利襪園も、播州葡萄園と運命をともにしている。明治19年（1886）には、やはり前田正名に経営委託され、2年後に払い下げられている。歴史の闇に消えていったのもまた、播州葡萄園と同じであった。

神戸駅前、楠木正成《くすのきまさしげ》を祀《まつ》る湊川《みなとがわ》神社の宝物殿前には、阿利襪園由来のオリーブの老樹が今も銀色の葉を繁らせている。樹の前に「この樹は明治11年パリの万国博で日本館長をしていた前田正名がフランスより持ち帰ったものの一つで日本最初のオリーブの樹と云われている」という説明板が立っていた。

川上善兵衛と岩の原葡萄園

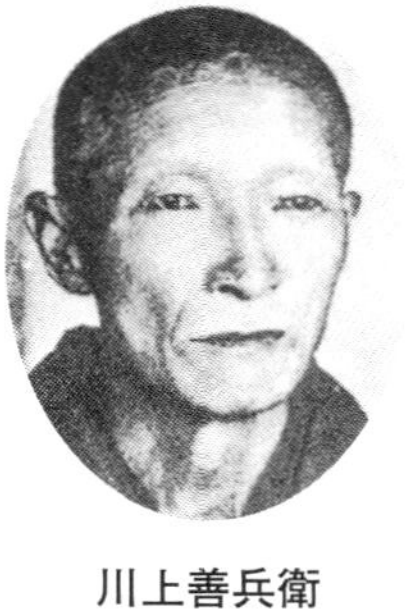

川上善兵衛

1868〜1944

全財産を投じてブドウ栽培へ

「播州葡萄園」にかけた明治新政府の夢は、はかなく消えたが、そんな国の失敗をよそに、独力でブドウ栽培とワインづくりに挑戦、みごとこれを実現させた男がいた。現在の新潟県上越市に、「岩の原葡萄園」を創設した川上善兵衛《かわかみぜんべえ》である。彼の血と汗がなかったら、今や世界レベルにあるわが国ブドウ産業の発展はなかったに違いない。

平成17年（2005）の10月、新潟県上越市の「岩の原葡萄園」に、その善兵衛の事蹟を訪ねてみた。岩の原葡萄園は、現在サントリーグループに属する。さっそく社長の萩原健一さんにお話を聞き、園内を案内していただいた。

川上善兵衛は慶応4年（1868）、当時の頸城《くびき》郡北方《きたがた》村で生まれた。現在の葡萄園構内で、生家跡には「史跡川上善兵衛の住居跡」の標柱が建っている。

明治24年（1891）、24歳で家督を継いだ善兵衛は、さっそく名園といわれた自邸の庭を壊し、苗圃《びょうほ》建設に着手する。築山や泉水を取り払い、洋種ブドウの苗木9種127本を植えつけた。川上家は近郷に聞こえた大地主だったが、彼はその全財産を投じて、ブドウづくりに挑戦したのである。

善兵衛がブドウを選択したのには、以下の想い入れがあった。

〈ブドウは山林の荒れ地でも栽培できる。貧しい小作農家の田畑をとりあげなくても開園できる。国民がブドウ酒を飲めば、たいせつな主食の原料の米を酒に回さなくてもすむ〉

いかにも明治人らしい発想だが、彼の偉さはこれを実践し、生涯愚直にこれを貫き通したことである。郷土を愛し、農業を愛した彼の根性が、わが国ブドウ産業を築きあげたといってよいだろう。

醸造用の良質ブドウを求めて

岩の原葡萄園に、最初の稔りがあったのは、明治26年（1893）秋のことであった。善兵衛はさっそくワイン900リットルを醸造したが、酸っぱくて、飲める代物ではなかった。

ここから善兵衛のワイン研究に拍車がかかる。葡萄園の入口近くの、現在、上越市の指定文化財になっている第2石蔵は、善兵衛のその研究成果の一つ。冬期に貯えた雪を利用し、低温下で発酵・熟成を促すのに利用された。

ワインに向く、良質ブドウを求める模索も続けられた。この時期、彼が欧米から取り寄せた品種は350種に及ぶ。

ここで、ブドウの品種について、概説しておこう。世界のブドウには大別して、ヨーロッパ種とアメリカ種の2品種群がある。前者は品質がよく、ワイン向きだが、雨の多いわが国では栽培がむずかしい。後者は栽培が容易で生食に向くが、醸造用としては品質に難があった。ワインづくりに情熱を燃やす善兵衛はまずヨーロッパ種に着目し、定着を試みたのだが、結局はうまくいかなかった。

〈それなら、わし自身が品種をつくろう〉

彼はさっそくヨーロッパ種・アメリカ種を交配して、日本独自の醸造用品種をつくろうと考えた。大正11年（1922）、54歳のときで、以後21年の彼の人生は品種改良に捧げられることになった。

大正11年といえば、ちょうどわが国でもメンデル遺伝学が根づき、交配育種による品種改良が脚光を浴びはじめた時期である。研究者肌の善兵衛は、当時先進科学であったメンデル遺伝学に強く惹かれたようで、交配種を「メンデル」、その実験圃場を「メンデル区」と呼んでいたという。

わが国のブドウ品種の礎を築く

岩の原葡萄園の一画には、川上善兵衛が品種改良に熱中した育種圃場、通称「メンデル区」が今も残っている。善兵衛は連日ここに通って、品種づくりに汗を流した。

品種改良は、根気と観察力の産物である。驚嘆するのは彼の馬力で、亡くなる前年までの21年間に、４５０組ほどの交配を行い、22品種を世に送り出している。

善兵衛がつくった品種の中で、とくに有名なのが「マスカット・ベーリーA」である。昭和

新潟県上越市にある岩の原葡萄園

低温下で発酵、熟成を促す第２石蔵

赤ワイン用中生種「マスカット・ベーリーA」

2年（1927）の交配だが、紫黒色の果粒をもつ赤ワイン用中生種で、当時としては大粒・大房の品種であった。生食でもおいしいため、最盛期には約3700ヘクタールが栽培された。このほか、「ブラック・クイーン」は赤ワイン醸造用の晩生・豊産種で、良質なワインづくりに欠かせない品種といわれた。

平成15年（2003）現在、ブドウの品種別結果樹面積第1位は「巨峰」。以下、「デラウエア」「ピオーネ」「キャンベル・アーリー」と続き、「マスカット・ベーリーA」は5位、110ヘクタールを占めている。上位品種中、「キャンベル・アーリー」は善兵衛がアメリカから導入した品種で、「巨峰」「ピオーネ」はその血を引く。わが国ブドウ品種の礎《いしずえ》は、間違いなく善兵衛が築いたといってよい。

葡萄園のすぐ前の「高士地区多目的研修センター」には、「川上善兵衛資料館」が併設されている。館内には、葡萄園創設当時使用した醸造器具などが展示されていた。なかで目を引くのが、善兵衛が記録した野帳《やちょう》（観察ノート）である。一本一本の樹の特性が克明に記録されていた。この汗にまみれた記録が「マスカット・ベーリーA」など、優良品種を生み出したのだろう。

不利な条件を克服する執念

岩の原葡萄園の中腹にある見晴らし台に立つと、頸城平野が一望され、遠くに直江津の海がみえる。かつてはそこまで川上家の田地づたいに行けたとか。そんな身代をなげうつほど、善兵衛を駆り立てたブドウづくりの魅力とは、なんだろう。

豪雪の上越地方はどうみても、ブドウの栽培適地とは考えにくい。見晴らし台の近くのブドウ畑で、豪雪下のブドウ越冬法について聞いたが、蔓《つる》をゆるやかに倒し、地上に寝かせておくのだという。むしろ積雪が寒気からブドウを守ってくれるわけだ。彼はまた、ワイン醸成にも雪を利用している。不利な条件をつぎつぎに克服し、味方につけていった善兵衛の執念には、脱帽のほかない。〈一念、岩をも通す〉というが、善兵衛の熱意がそうさせたのだろう。

善兵衛のブドウ農業への貢献は、単に品種づくりだけにとどまらない。昭和7～8年（1932～33）に発行された著書『葡萄全書』3巻は、ブドウ栽培とワイン製造のバイブルとして広く読まれた。昭和16年（1941）には、ブドウ品種の育成の功で、わが国農学界最高の賞「日本農学会賞」を受賞している。彼はこの賞を受賞した民間研究者第1号でもあった。

昭和19年（1944）、わが国ブドウ産業の大恩人、川上善兵衛は76歳の生涯を閉じた。墓は葡萄園近くの川上家墓園にある。善兵衛はいつも周囲に、

「灰は葡萄園の隅々に撒《ま》いてくれ。葡萄樹の中にいつまでも生きつづけたい」

と漏らしていたそうだ。きっと今も、葡萄園で生きつづけているだろう。

丸尾重次郎と水稲「神力」

丸尾重次郎

1814〜1889

他と異なる一株の稲

サラブレッドの血統をたどっていくと、わずか3頭の牡馬に行き着くという話がある。スピードだけを目的に交配淘汰をくり返していくと、最後はこうなるのだろう。

水稲も同じ。「コシヒカリ」「ひとめぼれ」はもちろん、最近育成された多くの品種も、そのルーツをたどると、明治のころの5〜6品種に行き着いてしまう。多収を求める農家や育種家の執念がそうさせたのだろう。

ところで、この限られた品種の中で、とりわけ多収に寄与したと考えられるのが「神力《しんりき》」である。「神力」は明治10年（1877）、当時の兵庫県揖西《いっさい》郡中島村（現在のたつの市）の農家丸尾重次郎《まるおじゅうじろう》、63歳が見出した。ちょうど「西南の役」が終わり、だれもが稲づくりに力を入れはじめた時代のことであった。

丸尾が、後に「神力」と名づけられた稲を発見したのは、在来種「程良《ほどよし》」を植えた田の中だった。刈り取りに近い一株の稲が他と異なり、籾は中粒だが、芒《のぎ》がなく、極端に茎数が多かったのである。もともと稲作改善に熱心で、よく各地の品種を取り寄せ、研究を重ねていたという彼のことである。この変わった稲を見逃すはずはなかった。

さっそく3本の穂から種子をとり、翌年試作したところ、まわりの稲に比べ、25％も増収した。彼ははじめ品種を「器量良《きりょうよし》」としたが、この抜群の多収性は神のご加護によるものと考え、「神力」と改名した。

「神力」は晩生種だが、短稈《たんかん》・多げつ、当時の稲に珍しく葉が直立した。品質はあまりよくないが、極端な穂数型の多収であった。わが国の多収品種が穂数型になったのは、この「神力」以降のことである。

採種組合を組織

別に品種に限らないが、すぐれた技術がただちに普及するとは限らない。普及にはそれなりの手順と時間が必要で、技術開発とは別の苦労がつきものである。

丸尾重次郎が育成した「神力」の場合も、その普及のかげに、岩村善六《いわむらぜんろく》の助力があった。岩村は、丸尾の住む中島村から1キロほどの距離にある兵庫県余部《よべ》村（現在の姫路市）の人。県会議員も務めた土地の実力者だった。

岩村が「神力」に注目し、これを全国に紹介したのは、この品種が世に出て9年目の明治19年（１８８６）。当時の農商務省広報誌に、「ほかの品種に比べ２割5分の増収」と書いたのが、爆発的普及の契機になった。

彼はまた、「神力」の優良種子を増殖するため、農家に呼びかけ、採種組合を組織している。まだ種子管理が不十分の時代のことである。高純度の種子が増収に結びついたことは想像に難くない。おかげで注文が採種組合に殺到し、近村の農家まで潤ったという。

「神力」は明治末から大正期にかけて、関東以西の日本各地を席巻する。ちょうど、魚肥・大豆粕《かす》などの購入肥料が出回り、稲作にも利用されるようになった時期である。乾田化と牛馬耕の普及で二毛作が増え、晩植が多くなったことも幸いした。多肥で増収する「神力」は農家に歓迎され、最盛期の大正8年（１９１９）には58万ヘクタールまで普及し、全国水稲面積の20%を占めた。

だがそんな栄光の日を、育成者の丸尾重次郎はみることがなかった。明治22年（１８８９）に、75歳で世を去っている。温厚誠実で、信心深く、いつも田回りを欠かさない人だったという。

内外で活躍する「神力」系品種

幕末から昭和にかけて農家が育成した30余りの品種の来歴や後代への影響を、丹念に調べた名著がある。書名は『稲の銘』、著者はかつて新潟県で「コシヒカリ」の育成にもたずさわった元三重県農業試験場池隆肆《いけたかし》技師である。退職後にまとめ、自費で出版した。

池のこの本によると、「神力」から選抜された純系淘汰品種はほかのどの品種よりも多く、72に及ぶ。「神力」の特性を伸ばそうと、各府県の試験場が自県に適した「神力」づくりにし

他の稲と異なり、穂数が多い一株の稲を発見

「神力」誕生の中島集落

東南アジアなどでも「神力」系品種が活躍

のぎを削ったためで、大正時代に普及した「○○神力」「神力○号」がそれである。池の調査では、「神力」を直接の母本として、各府県が育成した交配品種も64の多きに及ぶ。現在の主力品種はすべてこの子孫であるといってよい。

「神力」の子孫は、海外でも活躍している。昭和2年（1927）に育成され、戦前台湾で広く普及した蓬莱《ほうらい》米の多収品種「台中65号」は「神力」を片親にもつ。当時、台湾総督府農事試験場にいた磯永吉《いそえいきち》が育成したものだが、沖縄県でも広く栽培された。

昭和40年（1965）に、日本人育種家山川寛《やまかわゆたか》・藤井啓史《ふじいけいし》・川上潤一郎《かわかみじゅんいちろう》・佐本四郎《さもとしろう》が育成したマレーシアの品種「マシュリ」は、この「台中65号」が片親。少肥でもよく稔れる「マシュリ」は、マレーシアだけでなく、バングラデシュ・インド・ミャンマーなど、東南アジア全域の貧しい農民に歓迎された。

国内の無数の「神力」系品種、海外の「台中65号」と「マシュリ」。それぞれの時代に、それぞれの場所で、農家に親しまれたこれらすべての品種が、中島村の水田で丸尾重次郎が見つけた3本の穂から発したのである。

純米清酒「神力」の登場

もう何年か前になるが、5月の末に、兵庫県御津町《みつちょう》（現在のたつの市）の〈神力の里〉を訪ねてみた。地元の酒造業本田真一郎《ほんだしんいちろう》さんに案内いただいて、丸尾重次郎が「神力」を発見したという田んぼをみせてもらった。

丸尾が、後に「神力」と呼ばれた稲を発見した田んぼは、三方を丘に囲まれた水田地帯の、中央近くにあった。ちょうど育苗の季節で、近くに共同育苗圃もあったが、その田はまだ裸地状態にあった。

生誕地の中島集落には、「神力翁丸尾重次郎生誕の地」の高札が立っていた。この集落を見下ろす通称鷺山の麓の、木立に囲まれた森の中には、「神力翁丸尾重次郎碑」と記された背の高い石碑が建つ。丸尾重次郎はここから、今も郷里を見守っているのだろう。

わたしを案内してくださった本田さんは、地元の御津北営農組合の人たちと、この地区の水田に「神力」を復活させ、それを原料に純米清酒「神力」をつくっている。毎年、5月の末に、ホームページで「神力」の田植え会参加を呼びかけると、100人以上の〈神力ファン〉が、遠くは京都・滋賀からも駆けつけ、にぎやかな田植えになるという。130年の時を経て、「神力」がふたたび故郷に復活したのは、うれしい話である。

農林水産省の統計をみると、稲作の単収が記録として残るのは、明治16年（1883）から。その単収が急増した最初の上《のぼ》り坂は、明治末から大正にかけてである。もちろんこの時期に、乾田化や牛馬耕が進み、購入肥料が出回るようになったこともあるが、丸尾重次郎の多収品種「神力」が増収に〈はずみ〉をつけたことは、間違いないだろう。

山本新次郎と水稲「旭」

山本新次郎

1848〜1918

倒伏に強い一株を発見

水稲の育種家仲間に「西の旭《あさひ》、東の亀《かめ》ノ尾《お》」という言い伝えがある。良食味品種をつくろうと思えば、これらの品種の遺伝子を導入するのが近道、という意味である。「日本晴《にっぽんばれ》」も、「コシヒカリ」も、「ひとめぼれ」も、そしてそれにつづく現在の良食味品種のほとんどが、この両品種の血を受け継ぐ。水稲「神力《しんりき》」が多収品種のルーツなら、「旭」はおいしい米のルーツといってよい。

「旭」は明治41年（1908）、京都府向日《むこう》町（現在の向日市）の農家山本新次郎《やまもとしんじろう》によって発見された。稲刈りの際、べったり倒れた在来品種「日《ひ》の出《で》」の中に、たまたま倒伏に強い一株を見つけたのが、この品種のはじまりだという。山本が59歳の時のことであった。

山本は若いときから研究熱心で、たびたび試験場に足を運び、技術の習得につとめていた。その熱心さが大発見につながったのだろう。翌年さっそく試作してみたところ、周囲の在来品種に比べて、多収・高品質で、登熟すると鮮やかな黄金色《こがね》を呈した。彼はこの品種を「朝日《あさひ》」と名づけ、近所の農家に種子を配っている。命名はこの品種のもとになった「日の出」にまさるという意味だろう。

山本の偉さはこの品種をみつけただけでなく、これを農家に配り、さらに各地の試験場にも送って、公正な評価を求めている点にもみられる。発見の翌々年には、京都府農事試験場に送って、その評価を求めている。大正9年（1920）に、全国に先駆けて京都府の奨励品種に指定されたのは、こうした努力が認められたからである。ちなみに、このとき同名品種がすでにあったことから、「旭」（「京都旭」）と改名されたといわれる。

大粒で食味がよい品種

明治の終わりから大正にかけて君臨した「神力」に代わり、西日本稲作の王座についたのは、山本新次郎が育成した「旭」であった。ここから太平洋戦争中まで、西日本では「旭」の全盛期が続いた。

「旭」は「神力」に比べ、大粒で食味がよい。そのうえ、この時期に米の販売法が升《ます》（容量）

売りから秤《はかり》（重量）売りに変わったことも、「旭」躍進を助長した。同容量でも重さにまさる「旭」は、精白したときの歩留まりのよさともあいまって米穀商に歓迎された。

「神力」もそうだが、「旭」がきわだってすぐれた品種であったことは、各地の試験場がこの品種を材料に純系淘汰を行ったり、交配親として重用していることでもわかる。

前にも述べた農家育成品種にくわしい元三重県農事試験場池隆肆《いけたかし》の労作『稲の銘』をみると、「旭」から純系淘汰などで生まれた「××旭」「旭○号」といわれる品種は総計47に及ぶ。草丈・穂数もいろいろ、熟期も早生・中生・晩生と変異が大きいが、これらの「旭」系品種が

べったり倒れた在来種「日の出」の中に、倒伏をまぬかれた一株を見つけた

すし米、酒米としても人気の「旭」系品種

育成者を顕彰する石碑（京都府向日市）

やがて西日本一帯に広く普及し、昭和14年（1939）には最高50万ヘクタールにも達している。

「旭」系の純系淘汰品種の中で特筆すべきは、岡山県の「朝日米」である。昭和6年（1931）に岡山県農業試験場が選出した「朝日47号」がそれだが、「朝日米」の名で、現在も400ヘクタールが栽培され、地域おこしに貢献している。大粒でふくよかな味が、すし米や酒米として歓迎されているからだろう。育成から1世紀、なおこれだけの人気を保つ品種はほかにはないだろう。

稲づくりに捧げた地に顕彰碑

西日本のおいしい米のルーツ「旭」の育成者山本新次郎を顕彰する碑は、京都府向日市《むこう》にある。場所は東海道線の京都から西に2駅目、向日町駅から徒歩約20分の物集女《もずめ》街道沿い。住宅が立ち並ぶわずかな空き地に、碑は建っていた。

近くには淳和天皇の火葬塚もあり、長岡京遺跡からも遠くない。山本はもともと京都の生まれだが、この地の農家山本家の養子となり、生涯を稲づくりに捧げた。「旭」を見出した田んぼも、この辺りにあったのだろう。

記念碑は分厚い長方形の御影石で、石組みの台座の上に建っていた。碑面の上部には「朝日稲」と横書きされ、以下漢文調の碑文が8行にわたり刻まれている。わたしにはとても通読できなかったが、文中から「天資和厚勉強家」「夙専志於稲種精選毎歳試植私田」などの文字が読めた。温厚な勉強家で、早くから品種改良を志し、毎年自分の田で実験をしていたというのだろうか。碑は大正3年（1914）の建立とのことだが、往き来する車の排煙を浴びて、黒ずんでみえた。

「旭」が世に出た後、山本はこの品種の普及に力を尽くしていたが、大正7年（1918）、70歳で他界した。「旭」が西日本全域で広く栽培されるようになったのはその後のことだから、彼もまた栄光の日をみることなく、亡くなったことになる。

顕彰碑の周囲はすっかり都市化したが、碑の位置からわずかに稲田がみえる。わたしが訪れたのは9月の末だが、黄金色の稲穂が波うってみえた。もちろんこの田にも「旭」の血を引く品種が植えられているに違いない。「旭」はこの地で、今も生きつづけているのである。

（肖像写真の出所「図録　20世紀のむこうまち」）

謎の大物品種
水稲「愛国」

強稈・多収で耐病性の品種

大正から昭和にかけて、西日本の稲作を支えた「神力《しんりき》」「旭《あさひ》」について述べた以上、東日本の稲作を支えた二つの大物品種についても触れておきたい。「亀ノ尾《かめのお》」「愛国《あいこく》」がそれだが、まず「愛国」について述べる。

「愛国」は前述の4品種の中でも、とりわけ現在の主力品種と血のつながりが深い。晩生で、品質はあまりよくないが、強稈・多収で、耐病性にもすぐれていた。最近になって、この品種が高い障害型冷害抵抗性をもっていたことも、明らかにされている。

「愛国」が世に出たのは明治20年代後半のこと。ごく早い時期に東北南部・北陸・北関東に広がり、昭和4年（1929）ころには関東・中部にまで広がり33万ヘクタール、朝鮮半島で1万ヘクタール弱、台湾の1・2期作でも1500ヘクタールほど栽培されていた。

「愛国」の出自については、大正元年（1912）に宮城県農事試験場が行った詳細な報告がある。以下、その要点を記してみると。

「愛国」の誕生地は、宮城県最南部の伊具《いぐ》郡館矢間《たてやま》村（現在の丸森町館矢間）。明治22年（1889）に、この村の蚕種家本多三學《ほんださんがく》が、静岡県賀茂郡朝日村（現在の下田市）の同業者外岡《とのおか》由利蔵《ゆりぞう》から、品種名不詳の種子を取り寄せたのがはじまりとされる。

明治22年といえば、中央でも「農談会」がさかんに開催され、農家が種苗改良に強い関心をもった時代である。本多が種籾を譲り受けたのも、こうした時代背景があったからだろう。彼はさっそく、近くの篤農家窪田《くぼた》長八郎《ちょうはちろう》に種籾の試作を依頼している。

「愛国」がはじめて東北の地で芽吹いたのは、その翌年の明治23年（1890）であった。

名なしを惜しみ「愛国」と命名

今ではわが国水稲品種のルーツと評価の高い「愛国」だが、試作当初はあまり評判がよくなかった。その年の天候がよくなかったこともあったようだが、翌年の種籾にも困るほど穫れなかったという。能力を発揮しはじめたのは、その翌年からで、好天が続くと成熟期も早まり、収量も上がるようになった。

「愛国」の名づけ親は、地元の伊具郡書記森善太郎《もりよしたろう》と稲作改良教師八尋一郎《やひろいちろう》と伝えられる。明治25年（1892）に、館矢間村の坪刈りに立ち会った彼らは、この品種が〈名なし〉であることを惜しみ、「愛国」と命名した。日清戦争間近という時代が、「愛国」という名を選ばせたのだろう。

以上は大正元年の調査結果だが、この結果は昭和2年（1927）に、同じ宮城県農試の寺《てら》沢保房《さわやすふさ》によって裏づけされた。彼は導入当時、この品種を試作したという館矢間村の農家に会い、この品種が、「往年静岡県から移入せられた無名の種籾の後裔《こうえい》なることは誤りない」と、太鼓判を押している。

寺沢は、さらに種籾の送り主の外岡にも照会し、本多に送った種子が①静岡県賀茂郡青市村（現在の南伊豆町）の農家高橋安兵衛《たかはしやすべえ》が発見した「身上早生《しんしょうわせ》」であること、②「身上早生」は在来種「身上起《しんしょうおこし》」から選出されたものであること、を明らかにしている。

ところで、これほど完璧にみえる水稲「愛国」の出自だが、じつは異説がある。同じ宮城県南部、館矢間村から北へわずか20キロ、柴田郡船岡村（現在の柴田町船岡）を誕生地とする説である。つぎに、その説について紹介してみよう。

一つの品種に二つの出自

農業技術の歴史をたどってみて楽しいのは、どこに行っても先人の事績が語り継がれていることである。だが、一つの品種に二つの出自があるとなると、戸惑ってしまう。水稲「愛国」の館矢間村誕生説に対する異説は、同じ宮城県南部、館矢間村から北へわずか20キロの柴田郡船岡村にあった。

こちらは明治27年（1894）、船岡村の大地主で貴族院議員の飯淵七三郎《いいぶちしちさぶろう》が持ち帰った一株の稲を起源とする。

ちょうど日清戦争のさなかで、大本営が広島市に置かれていた時である。広島市で開催された帝国議会に出席した飯淵が農商務省農事試験場広島支場を訪れ、この稲に目をとめ、譲り受けた。帰郷後、彼はその種子を小作農家に配り、栽培を奨励したが、その好評なのをみて、明治39年（1906）に「愛国」と命名したという。

こちらも裏づけがあって、明治45年（1912）、柴田郡農会がサンプルを広島県農事試験場に送って鑑定を求め、同農試熊田重雄《くまだしげお》技手から在来種の「赤出雲《あかいずも》」に相違ないとの回答を得ている。飯淵が稲をもらった農商務省広島支場は、すでに閉鎖されていたため、広島農試に鑑定を求めたらしい。熊田もこの事実を広島県農会誌に記している。

「愛国」の誕生地は、宮城県の伊具郡館矢間村か、柴田郡船岡村か。宮城農試の調査が正しいか、広島農試の鑑定が正確か。じつはこの2説には、学会でもそれぞれ強力な応援団がつき、数回論議が戦わされたが、最終結論が得られていなかった。

ところが、ごく最近になって、館矢間説を支持する新しい証拠が出てきた。

「米作改善試験」の記録が証拠

歴史には、ルーツさがしがつきものらしい。有名なのは邪馬台国論争だが、「愛国」のルーツさがしも興味深い。なにしろ現在の主力品種の共通の先祖である。そんな由緒ある品種の出自が不明とは、やはり気になるからだ。

「愛国」の発祥地は館矢間村か、船岡村か。原品種は「身上早生」か、「赤出雲」か。ほぼ同じ時期に宮城県南部に導入され、原品種までわかっているのに、結論が出ないまま今日まできた。

本多三學邸（宮城県丸森町）

水稲「愛国」が試作された水田

丸森町の遠景

ところがごく最近、この論争に決着をつけるであろう新事実が発見された。発見者は元宮城県古川農業試験場長で、「ひとめぼれ」の育成者の佐々木武彦《ささきたけひこ》さん。彼が目をつけたのは、明治時代中期に宮城県が試みていた各郡の「米作改善試験」の記録であった。

じつはこの時期、宮城県では稲作改善のために、新しい品種や農法を取り入れた展示試験を行っていた。佐々木さんがその記録を調べたところ、「愛国」が登場するのは明治27年（1894）、しかも館矢間村のある伊具郡だけということがわかった。船岡村のある柴田郡に登場するのは28年からである。27年に飯淵七三郎が広島から持ち帰り、39年（1906）に命名したとする「船岡説」では説明がつかないことになる。

佐々木さんはこの事実から、「愛国」が南伊豆から館矢間村に伝わったとする「館矢間説」に軍配をあげている。

それにしても、これだけ原品種名・関係者名が揃っている以上、それぞれの事実経過があったことは確かだろう。問題はどちらが今日の主力品種の先祖かだが……。DNA分析という手段もある。そろそろ決着をつけたい稲作技術史の謎である。

残したい「愛国」の足跡

11月のある日、「コシヒカリ」「ひとめぼれ」など、水稲主力品種の共通の祖である「愛国」の故郷を訪ねてみた。案内してくださったのは、元宮城県古川農業試験場長の佐々木武彦さん。ちょうど阿武隈川沿いの野山は紅葉の真っさかり。日本の秋を堪能した。

最初に訪問したのは、かつての船岡村があった柴田町。ここの城址公園は山本周五郎『樅《もみ》の木は残った』の主人公原田甲斐《かい》の居城であったところ。公園の登り口近くに、一方の主役の飯淵七三郎の顕彰碑が建っていた。碑文には飯淵が「品種改良に努力」とは記されていたが、「愛国」についての記載はなかった。

旧館矢間村のあった丸森町では役場の好意で、窪田長八郎らが「愛国」を試作した小田地区の水田をみせてもらった。この辺りの水田には、今では「ひとめぼれ」や「コシヒカリ」が栽培されている。稲刈りはずいぶん前に終わったようで、ヒコバエが伸びていた。

伊豆から種籾を取り寄せた蚕種家本多三學の旧邸跡も見学できた。本多家のご子孫はお医者さん。今はここには住んでいないが、三學の名は襲名しているとのこと。「愛国」ゆかりの三學さんからは3代目に当たるのだろうか。かつてこの辺りは蚕種業で栄えたところで、昔は桑畑ばかりだったという。今は果樹園や畑地に変わっていた。

それにしても、世界に誇るわが国水稲品種のルーツ「愛国」の足跡が、どちらの地元にも残っていないのはさみしい。他所《よそ》から導入された品種ということもあろうが、根づかせるにはそれなりの苦労があったはずである。そんな努力の数々が、掘り起こされる日が近いことを期待している。

阿部亀治の 水稲「亀ノ尾」

阿部亀治

1868
〜
1928

農民育種家輩出の地

もう3、4年昔になるだろうか。山形県余《あまる》目《め》町《まち》（現在は庄内町）に、寒冷地水稲品種のルーツともいうべき「亀《かめ》ノ尾《お》」の古里を訪ねてみた。案内してくださったのは、山形県農業試験場庄内支場佐藤晨一《さとうしんいち》支場長（当時）。佐藤さんとは初対面だが、そこは同じ研究者仲間。半日がかりで「亀ノ尾」ゆかりの地を案内してくださった。

最初に訪れたのは、「余目町資料館」（現在は庄内町資料館）である。館内には馬耕用の犂《すき》など、古い農具や資料が所狭しと展示されていた。

ここで目を引いたのが、壁にかけられた農民育種家の肖像額だった。これから訪ねる「亀ノ

資料館にかけられた農民育苗家の肖像額

尾」の阿部亀治《あべかめじ》をはじめ、「大野早生《おおのわせ》」の阿部治郎兵衛《じろべえ》、「豊国《とよくに》」の檜山幸吉《ひやまこうきち》、「大野《おおの》1～4号」の大沼作兵衛《おおぬまさくべえ》、「萬国《まんごく》」の阿部萬治《まんじ》、「堀野錦《ほりのにしき》」の土屋仁助《つちやにすけ》、「森多早生《もりたわせ》」の森屋正助《もりやしょうすけ》の額が掲げられていた。

明治から昭和にかけて、庄内地方は多くの農民育種家を輩出したが、その7人までがこの余目の出身というのは、驚きである。

余目が生んだ品種のうち、「豊国」は大正末には6万ヘクタールが東北・北陸各県に普及し、山形県・岩手県では長い間、奨励品種になっていた。特筆すべきは「森多早生」で、「農林1号」の交配親として知られている。「農林1号」の子孫から「コシヒカリ」「ひとめぼれ」など、現在の主力品種が生まれたことを思えば、この品種も「亀ノ尾」同様、現在の品種につながるルーツといってよい。

それにしても瞠目するのは、往時、この東北の一寒村が水稲の品種改良に注いだ情熱である。寒冷地稲作に不滅の名を残した阿部亀治の「亀ノ尾」は、こうした余目の環境が育てたといってよいだろう。

耐冷性のある品種の選抜

ＪR余目駅から、国道沿いに2キロほど南下すると、「亀ノ尾」の育成者阿部亀治が生まれた小出新田《こいでしんでん》がある。近くの八幡神社境内には、杉木立に囲まれて「阿部亀治翁頌徳碑《しょうとく》」が建っていた。

今から110年の昔、亀治がはじめて「亀ノ尾」を試作したという田んぼは、神社の前にあった。ちょうど代掻きどきで、水が満々と貯えられていた。「亀ノ尾」は、この田から世に送り出されたのである。

阿部亀治が、後に「亀ノ尾」につながる稲穂を見つけたのは、明治26年（1893）、彼が25歳の時であった。発見の経緯については、こんな話が伝えられている。

この年、亀治は近くの立谷沢《たちやざわ》村（現在は庄内町）の熊谷《くまがい》神社に参詣した。ちょうど冷害の年で、冷害常襲地の立谷沢の稲は甚大な被害をこうむっていた。亀治が問題の稲穂を見つけたのは、帰り道の田んぼ。当時この地方では、冷水が注ぐ水口には「冷立稲《ひえたちいね》」といって、比較的耐冷性のある品種を植えていたが、その中にわずかに稔った3本の穂を見つけたのである。彼はさっそくこれを持ち帰り、翌年から選抜を続けたが、これがやがて「亀ノ尾」に磨き上げられていった。

「亀ノ尾」の発見はしかし、巷間《こうかん》に伝わるような偶然の所産ではなかったようだ。亀治自身の筆になるとされる『水稲亀ノ尾種ノ由来ト其《その》誕生』には、はじめから冷害に強い稲を探しに出かけた、と明記されている。神社参詣は事実だろうが、もともと研究熱心な彼のことだ。自らの手で冷害に強い品種をつくろうと、探索に出かけたに違いない。そんな亀治の努力の結晶が「亀ノ尾」だったのだろう。

深耕・多肥に適した寒冷地品種

よく、阿部亀治が「亀ノ尾」を〝発見〟したという表現を目にする。確かに「亀ノ尾」誕生のきっかけは亀治の変異株発見にあったのだが、この大品種がそれだけでできたと考えるのは正しくない。「亀ノ尾」は、彼が発見した冷害に強い穂を、ただ増殖したというだけのものではなかった。彼は栽植密度や施肥量などの試験を行い、新時代に即した品種「亀ノ尾」を選び出していった。

明治20年代後半の庄内地方といえば、「乾田馬耕《かんでんばこう》」が導入され、抱持立犂《かかえもったてすき》と称する無床犂を畜力を生かして操作。さらに魚肥・大豆粕などの購入肥料が急速に出回りはじめた時期である。水田はそれまでの湛水田から乾田に変わり、農家は多収を求め、深耕・多肥農業を進めつつあった。新しい品種の出現が待たれたのは当然の帰結といってよいだろう。

亀治は田畑18アール程度を耕す小作農だったが、最新技術の吸収には熱心で、はやばやと自らの水田を乾田化していた。時代に敏感な彼が「亀ノ尾」の育成を志した背景には、こうした事情があったのである。

「亀ノ尾」が広く世に出るきっかけになったのは、明治30年（１８９７）の冷害からであった。この年、北日本一帯を強烈な冷害が襲う。周囲の稲が青立ちする中、「亀ノ尾」だけは予想以上の収量をあげた。噂はたちまち広がり、これ以降、「亀ノ尾」は東北各地で広く栽培されるようになっていった。

「亀ノ尾」の普及は、塩水選・正条植え・乾田馬耕を基軸にしたいわゆる「明治農法」の普及と関連が深い。乾田化して深耕が可能になればそれだけ増収するが、肥料も多く要《い》る。わが国

「亀ノ尾」が発見された神社前の田んぼ

杉木立に囲まれた「阿部亀治翁頌徳碑」

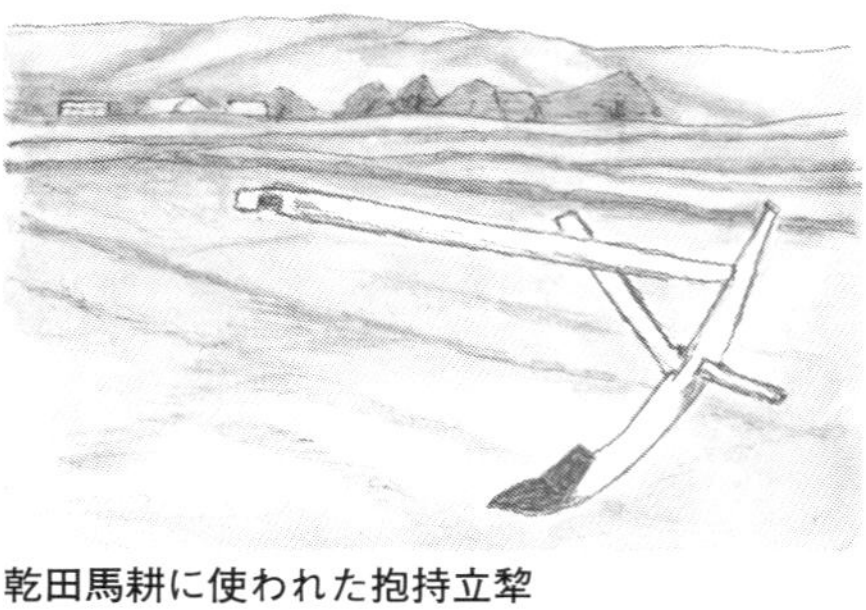
乾田馬耕に使われた抱持立犂

稲作はこの時期から肥料依存傾向を強めるが、「亀ノ尾」はそれに適した最初の寒冷地向け品種だったのである。

名を「王」ではなく「尾」に

農作物の品種名には、ときどき珍奇な名前がある。「亀ノ尾」はその変わった名の一つだろう。「コシヒカリ」「ひとめぼれ」といった現代風の名に比べると、なんとも泥臭い。じつはこの品種の最初の名は「亀ノ王」だったという。命名を依頼された友人が、〈亀治がつくった稲の王〉という意味で、そう名づけたのだが、彼はそれを固辞し、「とんでもない。王ではなく、せいぜいシッポだ」と、「王」を「尾」に替えたという。

「亀ノ尾」は、しかし稲の王様だった。明治末から大正にかけて、東北・北陸地方で広く栽培され、大正14年（1925）には朝鮮半島も含め、最高20万ヘクタールまで普及している。この品種が冷害に強いだけでなく、早熟・多収で、とりわけ良食味でもあったからである。

「亀ノ尾」はまた、その子孫の繁栄ぶりからみても王に値する。まず、この品種の子が「陸羽《りくう》132号」。「亀ノ尾」の血はこの品種を通じて「コシヒカリ」「ひとめぼれ」など、現在の多くのブランド品種に受け継がれている。「亀ノ尾」が同時代に生まれた「神力」「愛国」とともに、水稲品種改良の3大ルーツといわれる理由はここにある。

だがその「亀ノ尾」も、昭和になると、自らの血を引く「陸羽132号」に席を譲る形で、姿を消していった。

晩年の亀治は、仲間と耕地整理組合を組織し、郷土の農業振興に貢献している。号を「花酔」と称し、俳句もよくした。その一句が、

思うまま　道はかどらぬ　稲見かな

稲作を愛し、毎日、田を見回っていた彼ならではの名句である。

昭和3年（1928）、寒冷地稲作の大恩人阿部亀治は61歳で亡くなった。

酒米として人気を持続

余目訪問の最後に、阿部亀治が「亀ノ尾」につながる稲穂を見つけたという立谷沢村の熊谷神社に参詣した。亀治の家のあった小出新田から車で30分ほど、徒歩で出かけた亀治には、1日がかりの行程だったに違いない。

由井正雪の乱に連座して自刃した義人熊谷三郎兵衛を祀ったという、この神社の境内にも「亀の尾発祥乃地」と記した記念碑が建っていた。境内から湧き出る水に手を入れてみたが、ひんやりと冷たかった。耐冷性品種「亀ノ尾」は、郷土の義人がこの冷水に託した農家への贈り物だったのかもしれない。

境内に「亀の尾発祥乃地」の記念碑が建つ

余目と立谷沢の中間に位置する清川は、幕末の志士清川八郎の出身地で、近くに清川八郎記念館があった。八郎については、地元出身の作家藤沢周平の小説『回天の門』があるが、亀治もまた、わが国近代稲作の「回天の門」を開けた人というべきだろう。

「亀ノ尾」の人気は今も衰えない。ただし最近は酒米としての人気で、この品種を材料に吟醸酒をつくっている蔵元は、全国で30蔵ほどを数えるという。この品種をモデルに、幻の美酒づくりに励む女性を描いたマンガ『夏子の酒』を読んだ人も多いだろう。

「亀ノ尾」は近ごろの品種に比べたら、倒れやすく、栽培もしにくい。特別に酒米として育成されたわけでもないこの品種に、人びとが惹かれるのは、この品種に救われてきた東北人の懐古趣味だけだろうか。

ともあれ、「亀ノ尾」栽培農家や酒造業者を集めた「亀ノ尾サミット」は、毎年開催されている。毎回、全国各地から５００人もの人が集まり、全国からもち寄った「亀ノ尾」仕込みの吟醸酒を酌み交わしているという。

山田いちとサツマイモ「紅赤」

山田いち

1863〜1938

鮮紅色に輝くイモを発見

ＪＲ京浜東北線の北浦和駅から、旧中仙道を北へ約３００メートルほど行ったところに、廓《かく》信寺《しんじ》というお寺がある。門前に、「サツマイモの女王、紅赤《べにあか》の発祥地」と書かれた今風の立て札が建っている。「サツマイモの女王」といわれ、「金時《きんとき》イモ」の名でも親しまれる「紅赤」は、明治31年（１８９８）、当時北足立郡木崎村（現在はさいたま市浦和区）といわれたこの地で生まれた。育成者は当時35歳の農家の主婦、山田いちであった。

いちは４男４女の子持ちであった。夫が畳職で外出がちだったため、一人で50アールほどの畑を耕していた。もともと研究熱心で、陸稲を播《ま》くのでも、粒の揃ったものだけを選んで播くという凝り性の人だったという。当然、種イモ選びにも細心の注意を払ったに違いない。

明治31年秋のこと。イモ掘りの際、いちは在来種「八房《はちふさ》」（〈やつふさ〉ともいう）の中に、鮮紅色に輝くイモ7個を発見した。「八房」は淡紅色だったというから、彼女の好奇心に火がついたのは当然というべきだろう。

いちはさっそく、このイモの一つを試食してみた。蒸してみると、中味がまっ黄色で、ほくほくとおいしい。翌年はこのイモを栽培し、秋に市場に持ち込んでみた。最初はあまり赤いので気味悪がられたそうだが、すぐ高値がついたという。

2年間の観察の後、いちはこのイモを新品種と確信、市場に出荷した。市場では1俵が5円で売れた。当時、米1俵が5円、サツマイモ1俵は20～30銭だったというから、20倍の高値ということになる。サツマイモの高級野菜化は、この日はじまったのかも知れない。

甥が「紅赤」と命名

埼玉県の農家山田いちが育成した鮮紅色のサツマイモの噂はたちまち広がり、苗の分譲を求める農家が殺到した。彼女は快く応じたが、なにせ子持ち主婦のこと。すべての注文に応じるのには無理があった。

そこで種苗生産を引き受けたのが、近所に住む甥《おい》の吉岡三喜蔵《よしおかみきぞう》である。「紅赤」の品種名は、この時、吉岡が命名したといわれる。

「紅赤」は冬期貯蔵がむずかしい品種である。その「紅赤」の種イモを確保し、それを厳選し、翌春苗にして注文主に届けるのが彼の仕事だった。

今と違って、昔の育苗は苦労が多かった。堆きゅう肥や落ち葉を踏み込み、発酵熱を利用した温床で、40日以上かけて育苗する。被覆したムシロの開閉で温度を調整する。数が多いと、見回りだけでもたいへんだった。「紅赤」を育成したのは山田いちだが、これを普及した功労者は、吉岡三喜蔵といってよいだろう。

「紅赤」はやがて関東一円に広がり、最盛期の昭和16年（1941）には、3万6000ヘクタールが作付けされた。食料難の戦中・戦後は生産力が低いため一時敬遠されたが、高度成長時代になると不死鳥のようによみがえった。口当たりがよく、上品な味のため、焼きイモだけでなく菓子用・副食用にも需要が広まったためである。

「紅赤」の寿命は長い。最近はさすがに「ベニアズマ」など、新しい品種に押されて減退気味だが、それでも平成12年（2000）現在の全国栽培面積はおよそ2000ヘクタール、シェアにして4・5％と、根強い人気を保っている。すでに1世紀を超えるわけで、抜群に長生きの品種といえるだろう。

「見つける」ことこそが品種改良

わが国のサツマイモ栽培が、江戸中期に青木昆陽によって広められたことはよく知られている。「紅赤」はその昆陽時代のサツマイモのおもかげを、唯一、残す品種といわれる。昆陽が栽培した「アカイモ」の変異種が「八房」、「八房」の変異種が「紅赤」だからだ。

「紅赤」はそのせいか、つくりにくい品種といわれる。外形が整った、食味のよいイモをつくろうと思えば、収量を抑え、高品質を維持する高度な技術を必要とするからである。最近は川越などでも、〈地域おこし〉の目玉にもなっているが、昆陽以来のこのイモにもっと長生きしてもらいたいものである。

昭和6年（1931）、山田いちは「紅赤」育成の功で「富民賞」を受賞した。当時、農業

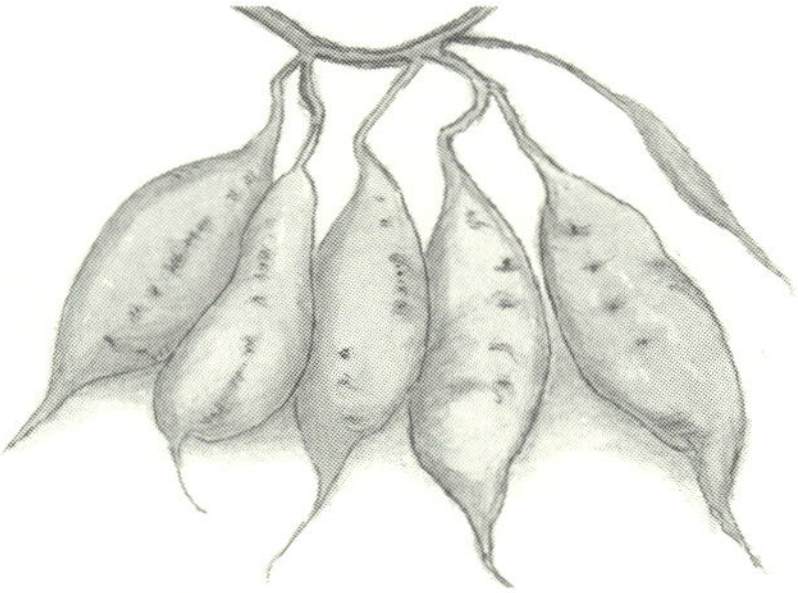

鮮紅色のイモを発見し、試食

サツマイモの温床苗床

功労者に贈られた最高の賞の一つだが、受賞の際、いちが述べた言葉が新聞記事に残されている。

「まったく、とんでもないことでございます。ただほんの見つけただけでございます」

彼女は謙遜しているが、〈見つける〉ことこそが、品種改良である。交配育種であれ、最新のバイテク育種であれ、観察なしに、すぐれた品種は生まれない。日々の農業の中で培《つちか》われた彼女の観察眼はまちがいなく最高賞に値するものである。

それにしても、わが国の農作物品種で、女性がつくった品種は皆無に近い。そんな中で、農家の主婦いちがこの大品種をつくりあげたことは、すばらしいことである。

異色の女性育種家山田いちは昭和13年（1938）、75歳で生涯を閉じた。晩年まで畑に出て、サツマイモづくりの手伝いをしていたという。お墓は廓信寺の奥まった場所にあった。

救荒作物から高級野菜に

「栗（九里）より（四里）うまい十三里」という売り口上がある。

江戸時代から続く川越イモの売り言葉だそうだが、「紅赤」の登場で、この口上に力が入るようになったのは間違いないだろう。

「紅赤」の栽培がさかんだったのは、育成者山田いちの住んでいた地元の埼玉県で、一時は県産の7割が「紅赤」で占められたという。中でも、川越地方は江戸時代から焼きイモの産地である。「紅赤」が世に出ると、「川越イモ」「金時イモ」の名で売れ行きを伸ばした。残念ながら、最近はその埼玉県では激減してしまって、千葉県・鳥取県などが主産地になっている。サツマイモは、今や救荒作物のイメージから完全に脱し、高級野菜に仲間入りしつつある。考えてみると、そのきっかけをつくったのが、「紅赤」であり、その仕かけ人が山田いちということになる。

もう7、8年も昔になるが、「紅赤」についてお話を聞くため、廓信寺に近い山田家を訪ねたことがある。奥の座敷には、「紅赤」の育成者山田いちの肖像額が飾られていた。「富民賞」受賞当時の肖像画だろうか。〈品のいいおばあさん〉という印象だった。

彼女が「紅赤」を発見したイモ畑は、今では住宅地に変わったが、種イモを貯蔵した室《むろ》だけは、野菜貯蔵庫として使われているという。当主の山田精一さんは、いちの曾孫に当たる。「室の中で作業していると、昔、いちばあちゃんが汗をかきながら種イモを守っていたころのことが思い浮かびます」と、話してくださった。

松戸覚之助の「二十世紀」ナシ

松戸覚之助

1875〜1934

ごみ溜めで見つけた実生苗

千葉県松戸《まつど》市に、「二十世紀が丘」という地名がある。ここに住む人のどれくらいがご存じか知らないが、この「二十世紀」とは、過ぎ去った１００年の20世紀ではなく、今も現役のナシの品種「二十世紀」のことである。

現在はすっかり市街地に変貌したが、かつてこの辺りにはナシ畑が多かった。今から１２０年ほど昔の明治21年（１８８８）、ひとりの少年がこの近くの農家のごみ溜めで、自生するナシの実生をみつけた。少年の名は松戸《まつど》覚之助《かくのすけ》、当時13歳であった。じつは彼がみつけたこの実生が後の大品種「二十世紀」であり、みつけた場所と育てた場所が、この二十世紀が丘の梨元町周辺であった。

二十世紀が丘梨元町には、「二十世紀公園」という小公園がある。わたしが訪れた時には人影がなかったが、「二十世紀梨誕生の地」の記念碑とモニュメントが建っていた。ナシの実をかたどったモニュメントは「二十世紀」の主産地、鳥取県から贈られたもの。かつてこの辺りに生えていた原樹は、戦災で枯死してしまったが、その傍《かたわ》らにあった「天然記念物」の石柱だけがここに移され、当時の栄誉を伝えていた。

「二十世紀」は、最盛期の昭和50年前後には、品種別で全国第1位、6600ヘクタールが栽培されていた。このところさすがに漸減気味だが、「おさ二十世紀」「ゴールド二十世紀」など同系品種も含めて今も2100ヘクタールが栽培されている。〈「二十世紀」でなければ〉という根強い人気があるためだが、海外でも人気が高く、台湾・アメリカなど十数か国に輸出されている。

そんな世界に誇る「二十世紀」の揺籃《ようらん》の地が、この「二十世紀が丘」なのである。

さわやかな食感と抜群のおいしさ

ナシの「二十世紀」は、明治21年（1888）、当時の千葉県東葛飾郡八柱《やはしら》村（現在は松戸市）で、当時13歳の松戸覚之助少年によって発見された。発見したのは、近くに住む親類の石井佐平宅のごみ溜めとのこと。そこに自生していたみすぼらしい実生が、後の「二十世紀」につながった。

ちょっとでき過ぎた話のようにも思えるが、その数年前、父親がナシ栽培をはじめたばかりという。子ども心に、父を助けたいと思ったのだろう。今では海外にまで名を知られたこの大品種も、この少年のひらめきがなかったら、存在しなかったわけである。

覚之助少年の偉かったのは、ここから10年にもわたってこの木を育てつづけたことである。どんな実がなるかわからない木を10年も育てただけでも彼の非凡さがわかる。丹精の末、この木が実をつけるようになったのは、明治31年（1898）。さわやかな食感で、果汁に富み、抜群のおいしさだった。

彼はさっそくこのナシを「新太白《しんたいはく》」と名づけ、世に送り出した。「新太白」とは、当時広く出回っていた在来種「太白」を越えるという意味。自信をこめての命名であった。

覚之助はまた、このナシを専門家や有名人に送って、批評を求めている。その努力が報いられたのだろう。明治37年（1904）、当時の有力農業誌『興農雑誌』に、「新太白」を絶賛する紹介記事が掲載された。同誌の主幹渡瀬寅次郎《わたせとらじろう》が執筆した「驚くべき優等新梨〈新太白〉」という記事だが、ここから苗木希望が全国から殺到するようになった。

ちなみに渡瀬は札幌農学校出で、内村鑑三の友人。後年、教育界に転じ、東京中学院、現在の関東学院を創設した。

各地に苗木を販売

千葉県松戸市の農家、松戸覚之助が育成したナシ「新太白」が、「二十世紀」と改名されたのは、明治37年（1904）のことであった。名づけ親は、『興農雑誌』の主幹渡瀬寅次郎。東京帝国大学の池《いけ》田《だ》伴親《ともちか》助教授と相談して決めたという。

ちょうど20世紀がはじまったばかりの時期である。よく、「名は体をあらわす」というが、これほどぴったりした名はないだろう。文字通り、20世紀農業の星として、その1世紀を輝き

二十世紀公園にある記念碑とモニュメント

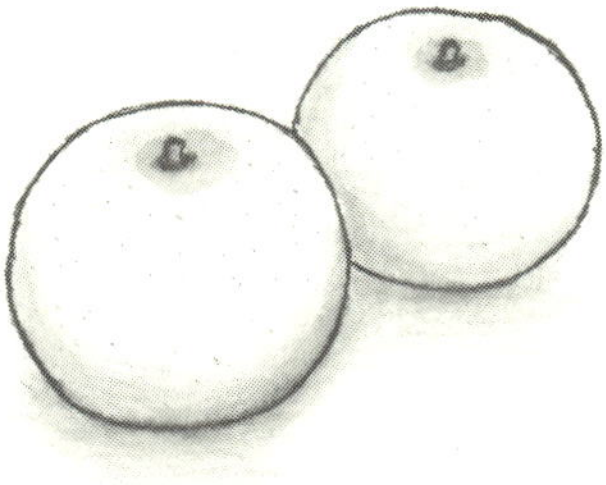

さわやかな食感で果汁に富み、美味

焼失前の「二十世紀」原樹

つづけ、さらに21世紀に及んでいるのだから。

明治37年はまた、日露戦争が勃発した年でもある。「凱旋《がいせん》」「凱歌《がいか》」などという候補名もあがったようだが、「二十世紀」でよかった。好戦的な品種名では、今ごろ海外進出という話になりにくかっただろう。

「二十世紀」は世に出た時から、各地の先進農家の注目を集めた。覚之助はこれに対応して、自園を「錦果園《きんかえん》」と命名、苗木販売を開始している。種苗を求める人びとや視察者がつぎつぎに錦果園を訪れるため、村の道路整備が進み、周囲の人々によろこばれたという話まで伝わっている。

日露戦争が終わると、戦後の好景気とともに「二十世紀」の人気はさらに高まった。今日でも「二十世紀」の主産地とされる各地に苗木が送られたのはこのころだった。鳥取「二十世紀」の祖、北脇永治《きたわきえいじ》が苗木10本を求めたのは、明治37年（１９０４）。伊那「二十世紀」の唐《から》沢為次郎《さわためじろう》が長野県伊那町（現在の伊那市）で「二十世紀」栽培をはじめたのは、大正元年（１９１２）ころ。そして奈良県大淀村（現在の大淀町）の奥徳平《おくとくへい》がこのナシを売り出したのは、明治38年（１９０５）ころからだった。

日本ナシの主流として

わが国における日本ナシの栽培面積は、平成16年（２００４）現在、１万５５００ヘクタール。うち「二十世紀」は、この品種に由来する「おさ二十世紀」「ゴールド二十世紀」などを含めて2100ヘクタール。現在の主力品種「幸水《こうすい》」「豊水《ほうすい》」についで、第3位にランクされる。もっとも、その「幸水」「豊水」も、「二十世紀」の孫品種に当たる。「二十世紀」のもつ香味・肌色・日持ちのよさを受け継ごうと交配親に利用された結果である。「二十世紀」の血は、今も日本ナシの主流をなしているといってよいだろう。

「二十世紀」の原樹は、昭和10年（1935）に天然記念物に指定された。だがその時、かんじんなこの樹の育て親、松戸覚之助は、すでにこの世になかった。前年の9年（1934）に59歳の若さで急逝している。

その原樹も、昭和19年（1944）の空襲で類焼した。しばらくはもちこたえていたが、22年（1947）に枯死してしまった。樹齢59年、奇しくも覚之助の享年と同じであった。

覚之助が遺したものは、品種だけではない。若いときから研究熱心で、彼が著した『実験応用梨樹栽培新書』は、当時のナシ農家必携の書といわれた。温厚な人柄で、晩年は訪れる人ごとに焼酎を振る舞うのを楽しみにしていたともいう。

松戸市千駄堀の松戸市立博物館には、「二十世紀梨特別展示室」があり、多くの関係資料とともに「二十世紀」原樹の遺片が展示されている。遺片の一部は、鳥取「二十世紀」の産地、鳥取市湖山町《こやまちょう》の「木乃実《このみ》神社」にも遷され、こちらではご神体として祀られている。「二十世紀」は今も、日本果樹産業の守り神である。

北脇永治と
鳥取「二十世紀」

北脇永治
1878〜1950

今も実をつける親木

鳥取市桂見《かつらみ》にある「出合いの森公園」には、鳥取県に根づいた最初の「二十世紀」ナシが「親木《おやぎ》」と呼ばれ、今も元気に枝を伸ばしている。わたしが訪ねたのは晩秋で、すでに収穫ずみだったが、樹齢１００年を越す現在も、たくさんの実をつけるという。傍らには、この親木を導入した鳥取「二十世紀」の父、北脇永治《きたわきえいじ》の顕彰碑が立っていた。ここはかつて松保村《まつほそん》と呼ばれ、北脇のナシ畑のあったところである。

「二十世紀」の育ての親松戸覚之助がその苗木販売をはじめた時、全国の精農が競ってこれを買い求めた話は、すでに書いた。北脇もその一人で、明治37年（１９０４）に苗木10本を購入、ここに植えつけている。現存する樹は、そのうちの永久保存として残された３本である。

北脇は明治11年（１８７８）、この地に代々続いた地主の家に生まれた。20歳の時、父親が他界し、以後、農業に取り組むようになった。「二十世紀」の苗木を入手したのは、彼が26歳の時であった。

彼が「二十世紀」づくりを志した動機は、〈生活の苦しい農村を、ナシづくりで救おう〉という想いにあった。なにをつくろうか考えた末に選び出したのが、この「二十世紀」だった。鳥取「二十世紀」の歴史はこの10本からはじまった。

とはいえ、鳥取「二十世紀」の歴史は、それほど順調なものではなかった。最初の十数年こそ、あの外観の美しさと上品な香味が受けて、栽培面積を増やしたが、その先に大きな落とし穴が待ち受けていた。大正の後期になって、この品種の宿命の大敵「黒斑病《こくはんびょう》」が、鳥取県でも大発生しはじめたからである。

大敵は黒斑病

明治時代の精農に敬服するのは、彼らの興味が、自らの経営というより、地域の振興に向けられていたことである。北脇永治の場合も、鳥取県への「二十世紀」導入を天職と考え、全力を尽くしている。親木から毎年多数の苗木を生産し、県内各地の農家に配布する。配布しただけでなく、栽培法から販路まで、すべてにわたって、面倒をみた。だが、そんな彼でも、どうにもならなかったのが、「黒斑病」の大発生だった。

黒斑病は「二十世紀」の大敵である。悪いことに、「二十世紀」はこの病気に極端に弱い。罹病すると、果実が小指大になったころから黒斑が出はじめ、やがて病斑部に亀裂を生じて落果する。ひどい時には、収穫皆無にさえなった。

「二十世紀」栽培では、黒斑病との戦いが死命を制したといってよい。一時、全国に林立した産地がつぎつぎ脱落したのは、この病気のせいだった。鳥取県でも、その黒斑病が大正の中ごろから多発しはじめた。

黒斑病の防除のために、北脇が救いを求めたのが、当時の農商務省農事試験場嘱託で、隣の島根県出身の卜蔵梅之丞《ぼくらうめのじょう》であった。

鳥取県の要請で来県した卜蔵は、ボルドー液散布とパラフィン紙袋かけを組み合わせた一斉防除を提案した。

昭和元年（１９２６）、全県をあげての一斉防除がはじまった。だが、一斉防除は言うはやすく、実行はむずかしい。それを可能にしたのは、やはり北脇の統率力だった。彼の提案で、全県に防除組合が組織され、卜蔵の作成した防除指針にもとづく防除が忠実に実行された。効果は２年後から明らかになり、さしもの難病も減退していった。

パラフィン紙袋かけの効果

猖獗《しょうけつ》をきわめた黒斑病も、卜蔵梅之丞の提案した一斉防除で峠を越す。「二十世紀」栽培の将来にめどがついた時、北脇永治が卜蔵との出会いを回顧して述べた言葉が残されている。

「今にして憶《おも》えばこの瞬間こそ本県二十世紀梨の為に神の与え給いし所で卜蔵嘱託は其の神であった」

研究者ならだれでも、〈農業と農家のため〉がモットーだが、ここまで評価されたら、いうことがない。鳥取県の「二十世紀」は、ここで生まれた農家と研究者のきずなが力となって、今日まで発展を続けてきたのだろう。

今も元気に枝を伸ばす鳥取「二十世紀」の親木

黒斑病により、亀裂を生じて落果

鳥取「二十世紀」梨記念館

とはいえ、黒斑病との戦いはそう短期間に終わるものではない。卜蔵はまた、農事試験場に病理部を設け、病気との長期戦に備えることを進言し、自ら斡旋《あっせん》の労をとっている。鳥取「二十世紀」の今日は、この病理部で心血を注いだ初代主任人見隆《ひとみたかし》をはじめ、多くの研究者の地道な支えがあって、はじめて実現した。ここで解明された病原菌の生理・生態、発病メカニズムが、農薬や袋かけなどの現場技術をさらに補強し、全県の農家に普及していったのである。

ちなみにパラフィン紙袋は、奈良県大淀村（現在は大淀町）の奥徳平が卜蔵の示唆を受け、大正の中ごろ開発した。鳥取県でも、このパラフィン紙袋かけが大きな効果をあげた。

北脇永治は晩年まで、「二十世紀」の販売体制の強化・拡充に力を注いでいたが、昭和25年（1950）、72歳で亡くなった。いっぽうの卜蔵梅之丞は44年（1969）に亡くなった。後年は植物病理学の泰斗として名をなしたが、彼の最高の誇りは鳥取県農家の窮状を救えたことだろう。享年82だった。

「基礎づくり」があればこそ

「農業というのは、しばしば劇的なものである」とは、鳥取「二十世紀」の歴史を通じてみた、司馬遼太郎の農業観である。

鳥取「二十世紀」が黒斑病を克服し、今日の地位を築いた、苦難の歴史に興味をもった彼は、『街道を行く——因幡《いなば》・伯耆《ほうき》のみち』の中で、こう述べている。彼はまた、鳥取県が黒斑病を克服し、安定したナシ栽培に成功した理由を、「大規模にかつ科学的に基礎づくりした」成果であると、指摘している。

司馬のいう「基礎づくり」とは、試験研究で裏づけされた農家の黒斑病防除体制などをいうのだろう。北脇と卜蔵の間に生まれた信頼関係以来、全県をあげて連綿と続けられてきた農家と試験研究との連帯がそれである。

たしかに「二十世紀」は、こうした「基礎づくり」なしには育たなかっただろう。だがそれとともに、この品種をなんとしても鳥取の地に根づかせようという、農家の強い意欲がなかったら、とうに地球上から姿を消していたに違いない。

鳥取県倉吉市には、「鳥取二十世紀梨記念館」がある。「二十世紀」をイメージした風変わりな建物は、遠くからもよくめだつ。館内で目をみはるのは、ホール中央に展示された「二十世紀」の巨木である。20メートルもの樹冠をもつこの巨木が、根ごと掘り起こされ、展示されていた。

感嘆するのは、その丹念に掘り起こされた根の数の多さである。巨大な樹冠を支えた根の一本一本が、司馬のいう「科学的な基礎づくり」と、これを忠実に実行した農家の努力を暗示しているように思えた。

司馬のいう「劇的」が、これからの日本農業でも、しばしば起こって欲しいものである。

杉山彦三郎と「やぶきた」茶

杉山彦三郎

1857
〜
1941

樹齢100年を超える原樹

万延元年（1860）に来日し、2年間をかけて日本各地を旅したイギリスのプラントハンター、R・フォーチュンの『幕末日本探訪』（講談社学術文庫）は、当時のわが国の農業事情を知る貴重な資料であり、興味深い。

この本によると、彼が歩いた道ばたや農家の庭先にはどこにも茶が栽培されていて、「生活必需品として、自家用にするぐらいの量を栽培している」とある。わたしたち日本人は、昔から〈茶好き〉民族だったらしい。

話は飛ぶが、現在の国産茶のほとんどは「やぶきた」1品種で占められている。平成15年

（2003）現在、国内茶園における「やぶきた」のシェアは8割近い。育種法が発達し、どの作物でも多様な品種が出回っているというのに、茶だけは「やぶきた」が独走している。水稲の「コシヒカリ」でさえ、シェアでいえば4割に満たないのだから、「やぶきた」のずば抜けた強さがよくわかる。〈茶好き〉日本人の茶の味とは、つまるところ「やぶきた」の味ということになるわけだ。

「やぶきた」は明治41年（1908）、静岡県安倍《あべ》郡有度村（現在は静岡市）の農家杉山彦三郎《すぎやまひこさぶろう》によって見出された。現在のJR草薙《くさなぎ》駅から南に2キロ、緑豊かな丘陵地帯に県立美術館・県立大学などハイセンスな建物が並ぶ一画が、かつて杉山の茶畑だった。ちょうど中央の、県立図書館が建つ辺りが「やぶきた」の発見地といわれる。

彼が発見した原樹は、今は県の天然記念物に指定され、美術館北口近くの道路沿いに移されていた。もう樹齢100年を超えるはず。大人の背丈をはるかに越える樹冠は濃緑の葉がいっぱいで、傍らに顕彰碑も立っている。

別格の品種として独走

農林水産省で研究調整を担当していたころ、残念に思ったことが一つある。品種改良は農業研究の花形で、どの作物もつぎつぎ新品種に更新されていくのだが、茶だけは別格。明治生まれの「やぶきた」の牙城を、ついに抜くことができなかった。多くの研究者が丹精込めてつくった交配品種が、横綱「やぶきた」の前では幕下力士のように跳ね飛ばされてしまうのである。

ここで、その「やぶきた」の強さを、数字で示してみる。わが国の茶園面積は平成15年（２００３）現在、４万９４００ヘクタール。うち75・７％の３万７４００ヘクタールを「やぶきた」が占める。茶には実生育ちの品種名のない樹も少しあり、これを除けば82％が「やぶきた」ということになる。２位の「ゆたかみどり」が４・８％、残りの品種は１％台がやっとだから、そのスーパーぶりがうかがわれる。国公立試験場がしのぎを削る品種改良の世界に、超然とそそり立つ「やぶきた」をつくり上げた農民育種家杉山彦三郎の快挙は、いくら賞賛して

「やぶきた」の原樹は、県の天然記念物指定

美しい茶の花

なだらかな斜面に茶畑が広がる

もし過ぎることはないだろう。

杉山が品種改良に興味をもつようになったのは、20歳前後のことである。もともと杉山家は土地の漢方医であったが、彼はこの道を選ばず、茶園経営に生涯をかけた。ちょうど明治10年代のこと。輸出の目玉だった茶の振興は、国をあげて力が入っていた。

もともと茶園経営を志した杉山が、あえて品種改良に挑んだ動機はつぎにあった。

〈茶樹にも早・中・晩の区別がある。これを分けて茶園を造れば、いつも適期の、よい芽を摘むことができる〉

彼はここから、品種改良に挑戦していった。

優良樹を求めて国じゅうを歩く

杉山彦三郎が茶の品種改良をこころざした明治初期は、品種に対する世間の関心は低く、多くの茶畑が種子から育った実生樹の混生状況にあった。

〈茶園はいろいろの種類が混植されているのが特徴。種々の香味が調和し、世界一の緑茶ができる〉と、学者先生が述べていた時代である。品種改良の効果を疑問視する声も多かったが、彼の信念は変わらなかった。

杉山の品種改良は、茶園経営を通じて得た鋭い観察から出発している。まず各地の茶園を回って優良樹を見つけ、これをもらい受ける。つぎにこれを試験園に1本植えにし、じっくり比較観察する。最後に、そこでの比較で〈これはよい〉と認めたものを、取り木で増やしていく。これが彼の育種法だった。

茶の命は風味。彼の味覚テストは一風変わっていた。生葉を噛み、甘味のあるものを選ぶ。苦味・渋味のあるものは排除。周囲に「イタチ」と仇名されるほど畑をうろつき、前歯が欠けるほど茶の葉を噛んで回った。

優良樹を求めて、杉山は内地はもとより、沖縄や朝鮮半島にまで足をのばしている。もちろん当時は、今のように交通・輸送が自由ではなかった。旅行には、いつも水ゴケを持参し、間に合わない時は大根に枝を挿して持ち帰った。彼が集めた茶樹は約350系統にも達したという。

杉山は取り木でも独自の工夫をした。普通、取り木では枝を直角に曲げて発根を促すのだが、当時は古い幹を使うことが多かった。彼はこれを若い小枝を使うようにし、容易に苗を増やすことができるようにしている。この方法で、彼は優良系統を増やしていった。

藪の北で見つけたから「やぶきた」

品種改良には、土地と資金が欠かせない。どんなに熱心でも、個人がなかなか手を出せない理由もそこにある。杉山もそのため、ずいぶん苦労したが、さいわい強力な理解者に巡り会うことができた。当時の茶業組合中央会会頭大谷嘉兵衛《おおたにかへい》が、その人である。

明治43年（1910）ころ、静岡を訪れた大谷は品種改良に情熱を注ぐ杉山の熱意に打たれる。さっそく彼は私財を投じて試験地2・7ヘクタールを購入、杉山に提供してくれた。杉山はこれに自園を加えた3ヘクタールを育種圃とし、優良樹の選抜と増殖に専念した。現在の静岡県立図書館辺りが、その地に当たる。

だがそんな順風の時代は、そう長くは続かなかった。大谷が引退すると、育種圃は県に移管され、試験不能になった。杉山はしかしくじけなかった。もう一度、自ら私財を投じ、圃場を購入している。彼が育成した品種は生涯に100余り。「やぶきた」はこうした品種の中の選び抜かれた一つだった。

「やぶきた」は、明治41年（1908）、孟宗竹の藪跡に拓いた茶園に、彼が植えつけた一株の樹に由来する。この時、藪の北で見つけた樹を「藪北」、南で見つけたのを「藪南」と名づけたといわれる。

「藪北」が世間で高い評価を受けるようになったのは、昭和9年（1934）、静岡県農試の試験で、高い評価を受けてからである。樹勢が旺盛で、葉が大きく、葉色は濃緑、なによりも香味がすばらしかった。

その実績が認められ、28年（1953）には、農林省の登録品種になっている。ひらがなで「やぶきた」と書かれるようになったのはこのときからで、ここから全国区の「やぶきた」になっていった。

「挿木繁殖法」の開発

茶といえば「やぶきた」と、今ではその名が消費者にまで定着している「やぶきた」だが、その全盛のきっかけが「挿木《さしき》繁殖法」の開発にあったことも、つけ加えておきたい。

今でこそ、茶園は「やぶきた」一色だが、ついこの間までの茶畑は名もない実生樹の集まりだった。もちろん、取り木で同一種を増殖した茶園がなかったわけではない。だが、特定品種で統一された大規模茶園が出現したのは、戦後に「挿木繁殖法」が普及してからのことである。

挿木繁殖法は昭和11年（1936）、当時奈良県農業試験場茶業分場（現在の農業総合センター・茶業振興センター）にいた押田幹太《おしだかんた》によって開発された。

わが国の茶栽培は1000年を超える歴史をもつが、挿木繁殖が可能になったのは、ついこの間である。もちろん、それまでも多くの人が挿木に挑戦したが、成功しなかった。押田はこれにはじめて成功したのである。茶の挿木は発根するまで3か月、苗木になるまでに、さらに1～2年を要する。しかも発根と、苗生育では必要とされる条件に違いがあった。押田はこの2段階を分けて解析し、容易に挿木繁殖ができる方法を創案した。

彼の方法のポイントは二つ。

①6月ころ、その年の新梢を葉1～3枚つけて切り分ける。

②排水のよい床土に挿し、ただちに灌水、しばらく遮光する。

この方法で、茶の挿木は、ほぼ100%可能になった。

押田は後年、宇都宮高等農林学校教授・島根農科大学教授を歴任、いつも学生と夜を徹して話し合うのを楽しみにしていたという。退職後も島根県農業の振興に参画していたが、昭和43年（1968）、66歳で没した。

複数の品種並立を求めて

今では、日本茶の代名詞のような「やぶきた」だが、この品種がこれほど一人勝ちするよう

挿木苗圃

駿府公園にある杉山彦三郎の胸像

になったのは、ごく最近のことである。品種名のわかる茶園比率がはじめて50％を超えたのは、昭和53年（１９７８）というから、つまりそれ以降ということになる。

「やぶきた」独占の背景としては、この時期、「挿木繁殖法」の開発によって、国や県の原種農場で大量に優良苗木が増殖され、茶園の新植・改植がいっせいに行われたことがあげられる。だがなんといっても、その最大の原因は、「やぶきた」が生産者・業者・消費者に高く評価され、品評会などでも圧倒的な人気を集めたことがあげられる。

とはいえ、一つの作物で、特定の品種だけが一人勝ちすることは、決してよいことではない。農家サイドからみると、農作業が一時期に集中する、気象災害や病虫害が増幅されるなど、問題が多い。環境に配慮し、遺伝資源の多様性を維持することの重要性を思えば、さらに問題が残る。複数品種並立の時代が早くきてもらいたいものである。

「やぶきた」の育成者杉山自身が品種改良を思い立った理由は、茶樹の早晩性を活かし、〈いつも適期の、よい芽を摘む〉ことにあったという。皮肉なことに、その彼の「やぶきた」が、これを否定することになってしまった。

わが国近代茶産業の父、杉山彦三郎は昭和16年（１９４１）、84歳で亡くなった。晩年まで訪れる人ごとに、茶の改良の重要性を説いていたという。そんな彼が、今の「やぶきた」独占の茶産業をどう思っているだろう。杉山の胸像は、彼の遺徳を慕う人々によって静岡城趾駿府《すんぷ》公園に建立されている。

第2部

「巨峰」は日本の果樹農業が世界に誇る果実

久能の石垣イチゴ

「イチゴ街道」のにぎわい

「やぶきた」を杉山彦三郎《すぎやまひこさぶろう》が見つけた茶畑の裏山を越えると、富士山の眺望の美しい日本平から久能山《くのうざん》に通ずる。ここには国の重要文化財久能山東照宮があって、いつも観光客でにぎわっているが、もう一つの呼び物は特産の「久能の石垣イチゴ」である。

石垣イチゴが栽培されたのは、久能山を背にした幅400～500メートル、長さ8キロの急傾斜地域であった。現在も「イチゴ街道」といわれるこの地区には10月から5月まで、イチゴ狩りの客が押しかけている。

石垣イチゴは明治中期に、久能山東照宮の車夫をしていた川島常吉《かわしまつねきち》が宮司からもらった鉢植えのイチゴを嚆矢《こうし》とする。宮司がアメリカ大使館の友人からもらったものだそうで、転勤の際に川島に譲渡した。彼はこれを日当たりのよい石垣の下に置いておいたところ、ランナーが伸び、石垣の間に根を張った。翌春、石垣で暖められたイチゴは他に先んじて赤い実をつけた。川島はこれをヒントに、石垣を利用した促成栽培を思いついたという。明治34年（１９０１）のことであった。

もっとも石垣イチゴの起源については、異説がないわけでもない。その一つは、清水市（現在の静岡市清水区）増《ぞう》の萩原清作《はぎわらせいさく》を創始者とする説である。萩原は野菜促成栽培に熱心で、イチゴの促成栽培も試みていた。たまたま明治35年（１９０２）に、イチゴのランナーが石垣にとりつき、大粒の実をつけるのを見て、石垣イチゴを思いついたという。

創始者にはほかにも説があるが、いずれにしろ確かなことは、この技術が地元農家の創意でつくられたということである。世紀を超えて、今も人気の高い石垣イチゴの活力は、この辺りにあるのだろう。

石垣づくりの工夫

もともと清水市（現在は静岡市）の久能地区は、久能山を背に南に駿河湾が迫る石ころだらけの急傾斜地にあって、石垣を積み上げた段々畑が多かった。

〈いっそこの石垣を活かしたイチゴづくりをやってみたら〉と、石垣栽培をはじめたのは、その名も静岡市安居《あご》の石垣半助《いしがきはんすけ》であった。明治37年（１９０４）から、海岸の玉石を集めて石垣を積み、イチゴ栽培をはじめた。４年後には東京市場に出荷している。

ここからは時代を超え、世代を超え、多くの農家の工夫が積み重ねられていった。

石垣づくりは日射しを受けやすい角度や方角に工夫を要する。日ざしを効率的に受けるには、石垣を南面させ、冬の太陽が直角に当たるよう、床面の傾斜を急にすることが望ましい。だがあまり急な傾斜では大雨が降ると崩れてしまう。土壌の乾燥や、肥料の流亡も起きやすい。そこで試行錯誤をくり返した結果、傾斜角は40〜60度に落ち着いていった。

久能山から見た駿河湾と富士山の眺望

玉石に代わってコンクリート板を使用

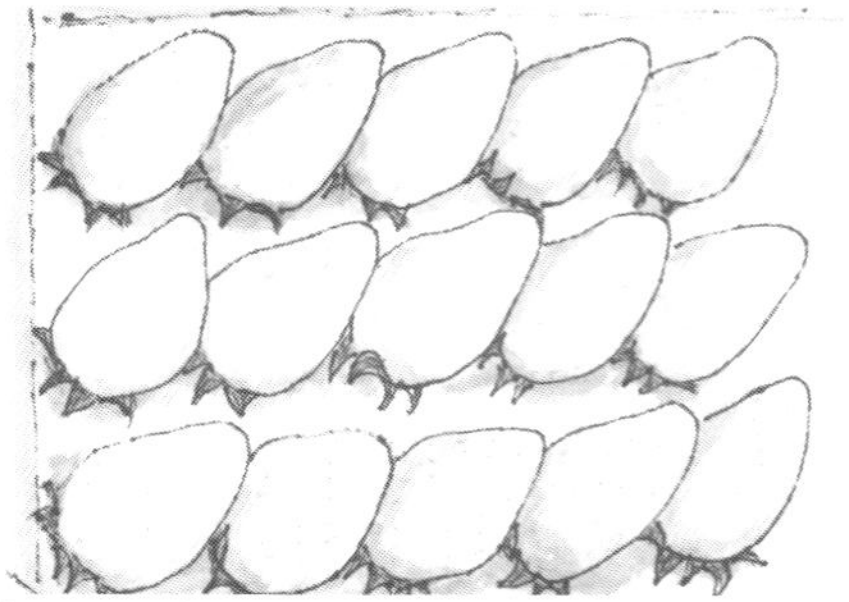

「久能早生」を片親に育成した「章姫」

傾斜畑の灌水もまた、大変な仕事だった。大正に入って、ポンプ灌水の共同施設ができるまでは、水桶をかついで、日に3～4回も往復したという。温度管理のためのコモかけ、油障子・ガラス障子などの開け閉めには高度の熟練が必要だった。失敗して、苗を焼いてしまった農家も多かったことだろう。

大正12年（1923）、玉石に代わってコンクリート板が登場する。V字の切れ込みをもつコンクリート板で、清水市増の萩原清作《はぎわらせいさく》と新谷啓太郎《しんたにけいたろう》が開発した。石垣イチゴはここから作業が楽になり、昭和10年代の前半には、80～100ヘクタールの大産地に成長した。全国に名が知れわたるようになったのはこのころからである。

「山上げ」技術で復活

長かった太平洋戦争で消滅の危機に瀕した久能山石垣イチゴだが、これが復活したのは、昭和20年代も後半になってからだった。復興に拍車をかけたのは、高冷地育苗、通称「山上げ」技術だった。山上げによって、イチゴの収穫期が大幅に早まったからである。考案したのは、静岡県農業試験場の二宮敬治《にのみやけいじ》らであった。

二宮が山上げの研究に着手したのは、昭和24年（1949）。この年、県主催の講演会で、講師の農林省園芸試験場江口康雄《えぐちやすお》がイチゴの花芽分化を促進する方法として、苗の低温処理を提唱した。二宮はこの話を聞き、ただちに試験にかかった。さっそく苗を富士山麓に運び、真夏の1か月ほどを、低温に曝《さら》してみたのである。

山上げといっても、どのぐらいの海抜がよいか、苗の大きさはどうかなど、問題は多かった。二宮はこうした問題をつぎつぎ解決していった。完成したのは、昭和28年（1953）のことである。

山上げ法を久能の石垣イチゴ農家が採用したのは、2年後の昭和30年（1955）からである。この方法の採用によって、石垣イチゴは　さらに1か月早い10月中旬に収穫できるようになった。

昭和30年代になると、ビニールハウスが出現、昭和41年（1966）には「観光イチゴ狩り」もはじまった。この時代になると、庶民の食卓にも、新鮮な野菜や果物が並ぶようになるが、とくにイチゴの消費量が急増した。クリスマス用のイチゴの需要が急増したのは、このころからである。最盛期の昭和50年ころには、約1000万本からのイチゴが栽培されていたという。

生粋の地元品種が定着

海外品種だのみだった久能の石垣イチゴに、国産品種が登場するのは昭和になってからだった。宮内庁新宿植物御苑（現在の新宿御苑）で福羽逸人《ふくばはやと》が育成した「福羽」がそれだが、当時としては早生で大粒で美味のため、石垣イチゴの発展に貢献した。

久能山から見たイチゴのハウス団地

戦後になると、いよいよ農家のつくった品種が登場する。最初は「堀田《ほった》ワンダー」。昭和33年（1958）に、久能からそう遠くない藤枝市の堀田雅三によって育成された。「福羽」よりさらに早生で、10月から収穫できるため、クリスマスケーキ用として、40年代には石垣イチゴの王座を占めるようになった。

石垣イチゴに生粋の地元品種が登場したのは昭和58年（1983）からである。久能の農家萩原章弘《はぎわらあきひろ》が育成した「久能早生《くのうわせ》」がそれだが、64年（1989）にはさらに「久能早生」を片親に「章姫《あきひめ》」が育成された。彼が53歳の時の傑作だった。

萩原はもともと研究熱心で、試験場に通い、野菜などの品種改良を手がけていた。昭和40年代になって、この地区で観光イチゴ園がさかんになると、彼もイチゴ栽培をはじめるが、品種が気に入らなかった。観光客向けには酸っぱ過ぎたのである。そこで試験場に相談に行ったが、逆に〈自分でつくったら〉と励まされ、品種づくりを思い立ったという。

「章姫」は着色がよく、大粒で甘く、酸味が少ない。そのうえ長期間収穫可能で多収なため、観光イチゴ園用として歓迎された。萩原章弘はさらにつぎの品種づくりに燃えていたが、平成11年（1999）69歳で惜しくも亡くなった。「品種改良が趣味」といわれた彼のことである。元気であれば、もっともっとすばらしい品種をつくったに違いない。

知恵と工夫の積み重ね

個性的な地域農業に期待が集まる昨今だが、元祖はやっぱり久能の石垣イチゴだろう。ここのすごさは、なんといっても5代にわたって農家が自力で技術を積み重ねてきたことである。最後はついに自前品種「章姫」までつくりあげてしまった。

平成15年（2003）の静岡県統計によると、県内における「章姫」の普及率は94％に達する。育成者の萩原章弘の願いは「地元の人につくってもらえる品種づくり」だったというから、彼の願いは十分叶えられた。久能の石垣イチゴはまさに「地域特産技術」の上に築かれたといってよいだろう。

久能山東照宮の表参道の登り口、梅園に通じる道の傍らに「石垣苺発生之地」の記念碑が建っている。碑文は石垣イチゴの発展に貢献した川島常吉、石垣半助、萩原清作、新谷啓太郎、二宮敬治の業績を称え、最後につぎのように締めくくられていた。

「思うに久能石垣いちごは永年にわたる諸先輩の努力のたまものである　ここにその功績をたたえ石垣いちご発祥の地に碑を建てその由来を刻して後世に伝える」

傍らには新たに、「章姫」の育成者萩原章弘を偲ぶ「萩原章弘翁之碑」も建っていた。今年（平成19年）の冬は記録破りの暖かさだが、奥の梅園のほのかな香りが、この二つの記念碑の辺りにまで立ちこめていた。

久能山東照宮参道傍らにある石垣イチゴの記念碑

それにしても久能山南面の段々畑に連なる石垣イチゴのハウス群は、見事というほかない。ここには、石ころだらけの傾斜地を宝の山に変えた歴代の農家の知恵と工夫が積み重ねられている。最近はここもご多分にもれず、老齢化が進んで苦境にあると聞くが、これからも伝統が受け継がれることを願っている。

加藤茂苞と畿内支場

加藤茂苞

1868〜1949

宮沢賢治も訪問

宮沢賢治《みやざわけんじ》の年譜をみていたら、大正5年（1916）3月の盛岡高等農林学校の修学旅行で、「賢治、畿内《きない》支場を見学」とあった。奈良発の関西線で大阪に向かい、途中柏原駅で下車したとあるから、当時ここにあった「農商務省農事試験場畿内支場」を訪ねたのだろう。

畿内支場は明治26年（1893）に東京の本場、陸羽・東海・九州の3支場とともに開設された。最初は大阪支場と呼ばれていたが、まもなくこの名に変更された。場所は当時の大阪府柏原村（現在の柏原市）、関西本線柏原駅近くの敷地2ヘクタールほどであったという。

畿内支場が歴史に登場するのは、明治36年（1903）で、この年からここで稲・麦・果菜類の品種改良がはじまった。翌37年（1904）には加藤茂苞《かとうしげもと》らによる人工交配（交雑）育種がはじめられた。現在も品種改良の柱であるメンデル遺伝法則に基礎をおく育種法だが、この法則が再発見されたわずか4年後のことであった。

ご存じのように、メンデルの法則は1865年に発見された。しばらくは日の目をみずにいたが、1900年にド・フリーズらによって再発見された。ここからは20世紀の人類に貢献した最大の発見といわれるほど、世界の生物産業、とくに農業に貢献する。

畿内支場はわが国におけるその最初の基地であり、そこで中心的役割を担ったのが、加藤茂苞であった。

加藤は山形県鶴岡の人である。加藤が畿内支場に在籍したのは大正5年（1916）までだから、賢治が立ち寄ったのは、その前後ということになる。果たして二人に接点があったかどうか、そんなことを想像してみるのも、農業史をたどる楽しみの一つである。

交雑育種事始め

ここで畿内支場以前の、わが国交雑育種事始めについて述べておこう。

教科書の引き写し的で恐縮だが、わが国の交雑育種は明治24年（1891）に、当時の東京帝国大学教授玉利喜造《たまりきぞう》が試みた大麦の交雑実験を嚆矢《こうし》とする。水稲の最初は滋賀県農業試験場長高橋久四郎《たかはしきゅうしろう》で、39年（1906）に彼が育成した「近江錦《おうみにしき》」がわが国初の交雑品種だった。

そんな歴史を受けて、国としてはじめて畿内支場が組織的な交雑育種事業を開始したのは、メンデル遺伝法則再発見4年後の明治37年（1904）であった。推進者はちょうどドイツ留学から帰国したばかりの当時の農事試験場長古在《こざい》由直《よしなお》であった。農芸化学者で、後に東京帝国大学総長にもなった古在はかねて科学的品種改良の必要性を痛感していたが、帰国するとただちに種芸部主任安藤《あんどう》広《ひろ》太郎《たろう》（後の農事試験場長）の協力を得て育種研究の強化に着手した。郷里の山形県で教師をしていた加藤茂苞が招かれたのは、友人の安藤の推挙があったからという。

ところで農事試験場の本場と、当時あった9支場の中で、とくに畿内支場が先んじて品種改良をはじめた理由は、なんと前年開催された内国勧業博覧会の大温室が払い下げになったことにあったらしい。建坪33平方メートルほどの温室だが、他の試験場にはこの程度の施設もなかった。試験研究の貧しさが伝わってくる。

おもしろいことに、交雑育種をはじめた当時、かんじんな研究者たちはまだメンデル遺伝法則を十分理解できていなかったらしい。安藤の思い出話によると、「はじめは交配すればなんかできる」ぐらいのつもりではじめたとある。当事者はそんなものかもしれない。

交雑品種を全国に配布

今でこそ、水稲の交配はさほど困難な仕事ではないが、はじまった当初の人工交配はずいぶんたいへんだった。加藤とともに、はじめて交配を経験した安藤広太郎の思い出話から抜粋す

ると、

「交配するには外では風が動いていけない。温室に入れて除雄（あらかじめ受粉されるほうの花の葯《やく》を、それが破れる前に除くこと）をし、花粉をもってきて交配しました。暑い最中で八月のことですから素裸でやりました。ところが20％ぐらいの歩留まりがあれば上々で、交配はなかなかつかないものと考えました」とある。今も真夏のパンツ一つの作業は変わらないが、成功率のほうはほぼ１００％という。

畿内支場での品種改良は大正13年（１９２４）に同場が閉鎖されるまで約30年間続けられ

畿内支場から望む山なみ

明治36年の内国博覧会

農事試験場内支場

た。ここでの水稲品種改良は前半が加藤茂苞。彼が大正5年（1916）に転出した後は竹崎《たけざき》嘉徳《よしのり》（後の京都帝国大学教授）が受け持った。彼らの手で育成された交雑品種は「改良愛国《かいりょうあいこく》」「海道神力《かいどうしんりき》（宝《たから》）」など300種ほどに及ぶ。「改良愛国」は大正末期に石川県で1万2000ヘクタールが栽培された。

畿内支場育成というのにやや躊躇するのは「三井《みい》（三井神力《みいしんりき》）」である。明治41年（1908）に同場で交配された「神力」と「愛国」の雑種だが、雑種2代で福岡県三井《みい》郡味坂村（現在は小郡市《おごおり》）にあった白葉枯病《しらはがれびょう》試験地に送られた。「三井」はここでの検定中に、土地提供者田中新吾《たなかしんご》がその一株に目をつけ、自分の田に移して選抜したものである。大正のはじめに世に出たが、皮肉にもこの品種がもっとも普及し、最盛期には九州を中心に7万6000ヘクタールが栽培された。

品種改良で、現地選抜がいかに重要であるかを認識されるようになったのはこのころからである。

多くの地方育種家を育成

わが国最初の交雑品種育成以上に、畿内支場が後世に残した最大の遺産は、多くの地方育種家を育てたことであろう。講習会などを開催し、全国各地に多くの育種家を送り出している。そのいくつかの例をあげると。

例えば愛知県農事試験場で後に「千本旭《せんぼんあさひ》」「金南風《きんまぜ》」を育成した岩槻信治《いわつきしんじ》、福岡県農事試験場で小麦「江島神力《えしましんりき》」を育成した高木繁雄《たかぎしげお》など。彼らの活躍については別の機会に述べるとして、ここでは岩槻の回想を引用しておきたい。はじめて交雑育種に接した研究者の想いをよく伝えている。

「忘れもしません、明治44年の夏、私は大阪府柏原町にあった国立農事試験場畿内支場を訪れ、２週間ほど滞在して水稲人工交配の基礎知識と実地を習得しました。畿内支場で水稲の人工交配法を身につけた私は、その時〈一生の仕事はこれだ〉と固く決心した次第です」

交雑育種法の習得に熱心だったのは、なにも試験場ばかりではない。中でも熱心だったのは、加藤茂苞を「もほうはん」と呼んで敬愛していた彼の故郷、山形県庄内地方の農家である。ただちに指導者を招き、また仲間を畿内支場に送って、交雑育種法を学んでいる。

彼らの一人佐藤順治《さとうじゅんじ》が交配した「大国早生《おおくにわせ》」は昭和10年代から30年ころまで山形・秋田両県に普及し、奨励品種に採用されている。

また工藤吉郎兵衛《くどうきちろうべえ》が交配した「福坊主《ふくぼうず》」は、昭和初期から山形県などで普及、昭和10年（１９３５）ころには最高７万ヘクタールに達した。その工藤と田中正助《たなかしょうすけ》が育成した「日の丸《ひのまる》」は日本稲とイタリア稲との交雑種で、25年（１９５０）には東北地方で４万ヘクタールが栽培されている。

当時の先進農家にとって、品種改良は肥料や馬犁《ばすき》同様、手近な技術だったのだろう。

品種生態研究の草分け

畿内支場の育成品種は300ほどに達するが、皮肉なことに農家が途中から育成した「三井」を除き、あまり普及した品種は生まれてこなかった。だが、この経験がその後のわが国の品種改良のあり方に貴重な教訓を残す結果になった。

畿内支場での品種改良が、思ったほど効果をあげなかった理由は、雑種の後代まで1か所で育成を続けたからといわれる。その反省から、以後、地域の生態にあった品種改良が行われるようになっていった。それぞれの土地に向く品種はそれぞれの土地の環境の中で育成する。わが国が世界に誇る地域重視の育種体制「指定試験事業」は、この畿内支場の経験が契機になって生まれたものである。

加藤茂苞はまた品種生態研究の草分けでもあった。稲に短粒のジャポニカ（日本種）と長粒のインディカ（インド種）という亜種のあることなら、だれでも知っているだろう。今ではすっかり常識になったこの分類も、当時九州帝国大学教授だった加藤によってはじめて提唱された。彼はこの研究を畿内支場に集められた品種の形態と、雑種ができるかどうかを基準に行っている。

加藤の功績はこれだけにとどまらない。畿内支場で品種改良をはじめるに先だち、彼が全国から集めた在来種は4000余り、整理した結果3500品種ほどになったという。

茨城県つくば市にある農林水産省農業生物資源ジーンバンクには、現在、植物遺伝資源だけで23万余点が貯蔵されている。うち稲類は4万点余。世界に誇るこのコレクションも、その源は加藤が集めた3500点から発する。彼の遺産は今もしっかり受け継がれているわけである。

現場に即した技術開発

〈今から100年前の農家はどんな稲をつくっていただろう〉

そんな疑問に答えてくれるのも加藤茂苞がまとめた『農事試験場特別報告25号』（1908）

稲の花

短粒のジャポニカ（左）と長粒のインディカ

農業生物資源ジーンバンク（茨城県つくば市）

である。畿内支場での品種改良に先だち、全国から品種を集めた折、道府県の品種別栽培状況も調査してまとめたものである。これがわが国最古の道府県別水稲品種統計ではないだろうか。

内容の一部を紹介すると、当時すでに「神力」が全国に広く普及していて51万ヘクタール、ついで「愛国」の12万ヘクタール、「雄町」の11万ヘクタールと続く。道府県別でみると、北海道のトップは「赤毛《あかげ》」、山形では「亀ノ尾」だが、青森の「細稈《ほそがら》」、新潟の「石臼《いしうす》」、高知の「白坊主《しろぼうず》」など、今ではほとんど聞かない品種もあっておもしろい。ちなみにこの資料は、今では筑波にある農林水産研究情報総合センター（Agropedia）のホームページでみることができる。

畿内支場で水稲の品種改良に貢献した加藤は、その後陸羽支場長・九州帝国大学教授・朝鮮総督府農事試験場初代場長などを歴任する。朝鮮では、それまでの「勧業模範場」を「農事試験場」に改組し、内地技術の押しつけから、現地に即した技術開発に軌道修正している。畿内支場で体験した「現場重視」の研究姿勢が、ここで活かされたのだろう。

わが国水稲品種改良史に多くの足跡を残した加藤茂苞は、昭和24年（１９４９）に、81歳で亡くなった。晩年は自叙伝の執筆が念願だったというが、残念ながらその夢は果たせなかった。彼が活躍した柏原駅近くの畿内支場跡地は今ではスーパーやデパートが建ち並ぶ市街地と化し、昔を偲ぶよすがもない。

陸羽支場と水稲「陸羽１３２号」

寺尾 博

1882〜1961

人工交配品種の先駆け

ＪＲ秋田新幹線の大曲駅には、この町の名物「大曲の花火」の音・光・水をイメージした瀟洒《しょうしゃ》な駅舎が建ち、ここを通る人の目を楽しませてくれる。だがこの駅舎に近い街角に置かれた自然石の記念碑に目をとめる人はそういないだろう。表面に「農事試験場陸羽《りくう》支場址」と記した碑板がはめられている。

今でこそすっかり市街化したが、かつてこの辺りは仙北郡花館村（現在は大仙市）といわれ、「農商務省農事試験場陸羽支場」が置かれていた。現在は郊外に移転している「東北農業研究センター大仙研究拠点」がその後身に当たる。

陸羽支場のあまたある業績の中で、とくにきわだつのが水稲「陸羽132号」の育成である。わが国の人工交配品種の先駆けといわれる「陸羽132号」は、今から八十数年前の大正10年（1921）にここで生まれた。
「陸羽132号」といっても、知らない人がいるかも知れない。この品種が当時の東北でどんなに大きな存在であったかは、宮沢賢治の詩『稲作挿話』（谷川徹三編『宮沢賢治詩集』岩波文庫）を読めば納得できる。

君が自分でかんがへた
あの田もすつかり見て来たよ
陸羽一三二号のはうね
あれはずゐぶん上手に行つた
肥えも少しもむらがないし
いかにも強く育つてゐる

この詩がつくられたのは昭和3年（1928）だから、ちょうど「陸羽132号」が普及面積を伸ばしていた時期に相当する。農業改良に情熱を注いだ賢治は、彼の「羅須地人《らすちじん》協会」の活動の中でも、この品種に大きな期待を寄せていたのだろう。

寺尾博と仁部富之助

水稲「陸羽132号」は大正10年、当時の秋田県仙北郡花館村にあった農事試験場陸羽支場で、寺尾博《てらおひろし》らによって育成された。

寺尾は後に農林省農事試験場長になった農学の大先輩。現在も続く国と道府県の共同研究ネットワーク「指定試験事業」の創設者としても知られる。その寺尾が東京の農事試験場本場種芸部長のまま、ここの種芸部主任に着任したのは明治43年（1910）、まだ27歳の時であった。

明治43年といえば、冷害で東北地方にいもち病が多発した年である。当時の主力品種「亀ノ尾《かめのお》」「愛国《あいこく》」にも被害が続出し、これに代わる新品種が切望されていた。最新のメンデル遺伝学を習得し、交雑育種法を身につけた新進気鋭の寺尾に大きな期待が集まったのは、当然のことだろう。

ところで「陸羽132号」の育成に寺尾が深くかかわったことは事実だが、育成者となればもう一人、仁部富之助《にべとみのすけ》を忘れるわけにはいかない。仁部は秋田県由利郡道川村（現在の由利本荘市）の生まれ。生来の鳥好きが高じて養畜部に勤務したが、寺尾の着任とともに種芸部に回され、彼とコンビを組むことになった。28歳の時のことである。

「陸羽132号」の両親は、寺尾が「愛国」の中から選抜した「陸羽20号」と、余目《あまるめ》（山形県庄内町）の農家阿部亀治《あべかめじ》が育成した有名な「亀ノ尾」である。当時の人工交配がむずかしい作業であったことはすでに述べた。彼らもまた、散々苦労して交配したのだが、得られた種子はたったの2粒だった。大切な種子を寺尾からあずけられた仁部は、翌春、苗が育つまで、心配で夜もおちおち眠れなかったという。

「異常な苦心と努力」で

「陸羽132号」は大正3年（1914）に交配され、10年（1921）に世に出た。育成に7年を要したわけだが、主任の寺尾博は最初の2年間だけ大曲に滞在し、以後は東京に引き上げている。当然、実務の多くは技手の仁部富之助が受けもったわけで、寺尾自身もこの品種育成に関する仁部の献身に「異常な苦心と努力」と謝意を表している。

ところで、その仁部にはもう一つ野鳥研究者としての顔があった。もともと彼は生来の鳥好きで、その趣味を〈飯の種〉にしようと陸羽支場養畜部に就職したという。ひょんなことで品種改良にたずさわったが、暇さえあれば支場裏の雄物川《おもの》の河原でバード・ウォッチングにふけっていた。寺尾もこれを認め、仁部が勤務中に水田の「雀の生態的研究」をするのを許し、助言まで与えていたらしい。

大正13年（1924）、陸羽支場が奥羽支場に改変されると、仁部は退職する。彼のいた養畜部が廃止されたせいだが、翌年からは同じ支場で農商務省鳥獣調査室の嘱託として野鳥研究に専念するようになった。

仁部の研究対象はスズメ・ツバメ・カラスなど、身近な野鳥ばかりだった。観察はいつも近くの河原などで行われたが、徹底した現場観察の積み重ねが彼の手法だった。後に「鳥のファーブル」といわれた彼のこの研究姿勢は、若い時代に寺尾に鍛えられた〈品種改良の眼〉が大いに役に立ったに違いない。

仁部の一連の研究は大著『野の鳥の生態』（大修館書店・全5巻）にまとめられている。今では動物行動学研究の草分けとして世界的な評価を受けるこの研究の原点が陸羽支場にあったと思うと、同じ農業に関係する者として、たいへん誇らしい思いがする。

かつての農事試験場陸羽支場

仁部のもう一つの研究対象は身近な野鳥

陸羽支場の記念碑（秋田県・大曲駅前）

大冷害回避に貢献

「陸羽132号」は、倒伏やいもち病に強いところを母親の「愛国」から、早生・良質・良食味・耐冷性を父親の「亀ノ尾」から譲り受けた多収品種であった。

大正10年（1921）に世に出ると、まず秋田・岩手両県に導入され、まもなく全国の寒冷地に広がっていった。

とりわけこの品種の評価を高めたのは、有名な昭和6～10年（1931～35）の大冷害である。世に「娘の身売り」が続出したと伝えられるこの連年の大冷害で、当時の主力品種「亀ノ尾」「愛国」の被害が甚大だったにもかかわらず、「陸羽132号」だけは軽微だった。当時の農林大臣が、

「寺尾博士こそは今回の凶作におけるもっとも偉大な功績者で、今回だけでも何千万円の被害額を免れたことは否定できない。銅像の一つ位は建っても良いくらいだ」と、述べたという話も伝わっている。

「陸羽132号」はその後も全国に広く普及し、昭和14年（1939）ころには東北地方を中心に最高23万ヘクタールに達した。しかも昭和4～27年（1929～52）の24年間は、東北稲作の首位に君臨しつづけている。

しかもこの品種が普及したのは国内だけではない。当時、日本統治下にあった朝鮮半島中北

部にも広く普及し、終戦直前には最高22万ヘクタールが栽培されていた。

その全盛を誇った「陸羽132号」が姿を消すのは、戦後稲作が復興した昭和30年代である。だがこの品種の栄光は今も消えることはない。「陸羽132号」の血を受け継ぐ品種は「農林1号」から「コシヒカリ」「ササニシキ」「あきたこまち」「ひとめぼれ」と、今もわが国稲作の主流をなしているからだ。

地域農業の活性化にも貢献

「陸羽132号」は稲作の収量増や品質向上に貢献しただけでなく、地域農業の活性化にも大きな役割を果たしている。岩手県の「江刺金札米《えさしきんさつまい》」がその1例である。

江刺金札米は昭和5年（1930）、当時の江刺郡農会の農家たちが、会長小沢懐徳を中心に「陸羽132号」を選び、今でいうブランド米をつくりあげたことにはじまる。それまで「アヒル米」と酷評されていた江刺米をこの良質品種に更新、それにふさわしい栽培法を工夫した。さらに当時としては珍しく、東京の市場の評価も参考に、徹底的に品質管理にも力を入れている。

旧江刺市、現在の奥州市江刺区愛村《あいそん》公園には、金札米の記念碑が建っている。金札米育ての親、小沢懐徳の胸像とともに立つこの碑には、「陸羽132号」によって江刺農業が活性化した経緯が明記されていた。

ところでこの金札米の誕生には陸羽支場で「陸羽132号」の育成に関与した二人の研究者の力添えがあった。一人は仁部富之助の後を継いでこの品種の選抜を担当した江刺出身の岩渕《いわぶち》直治《なおじ》。もう一人は、陸羽支場で岩渕の部下だった高橋茂《たかはししげる》。当時江刺にあった県農業試験場膽江《たんこう》分場に赴任し、岩渕と連携しながら「陸羽132号」を根づかせることに尽力した。今では品種が「ササニシキ」「ひとめぼれ」と代わっているが、金札米の名は受け継がれ、江刺農業の旗印になっている。

品種改良というと、とかく川上の育成者だけが脚光を浴びる。だがそのことがその品種を根づかせようと、川下で汗水を流した多くの農家や出先の技術者を忘れることであってはならない。金札米はそうした人びとの努力の数々を刻んだ金字塔といってよいだろう。

記念碑に記された業績

最後にもう一度、大曲駅前にある石碑「農事試験場陸羽支場址」に話をもどそう。この碑文は、陸羽支場最後の支場長永井威三郎《ながいいさぶろう》の書である。永井は作家永井荷風の実弟で、メンデルの論文をわが国で最初に翻訳した人として知られる。「陸羽132号」育成にも最終期に関係した。

陸羽支場で「陸羽132号」の育成に関与した人は多い。すでに登場した寺尾博・仁部富之助・岩渕直治のほかに、稲塚権次郎《いなづかごんじろう》・柿崎洋一《かきざきよういち》など。なかでも稲塚は世界的に有名なノーリ

仁部富之助記念館（秋田県由利本荘市）

ン・テン（小麦農林10号）の育成者として知られる。ノーベル平和賞を受賞したボーローグはこの品種を親に、戦後世界の饑餓《きが》を救う短稈多収小麦を育成した。稲塚が陸羽支場で「陸羽１３２号」を片親につくった交雑種は後に新潟県農事試験場で「農林1号」として世に出ている。

最後に「陸羽１３２号」育成の主役二人のその後に触れておこう。寺尾博は農事試験場長を経て、参議院議員を1期務めた。晩年は電熱育苗器や田植機の開発にも大きな役割を果たすが、その話はまた別の機会にしたい。昭和36年（１９６１）79歳で亡くなった。

いっぽうの仁部富之助はその後も野鳥観察に生涯を捧げ、昭和22年（１９４７）64歳で亡くなった。訥弁《とつべん》だが話し好きで、いつも後輩のよき話し相手だったという。彼の郷里の秋田県由利本荘市亀田には「仁部富之助記念館」がある。館内には「陸羽１３２号」の関係資料や、野鳥観察の際に愛用した双眼鏡など、ゆかりの品々が陳列されていた。

行き交う人も気にとめない大曲駅前の「陸羽支場址」記念碑に、多くの研究者の歴史が秘められていることを伝えておきたい。

佐藤栄助のサクランボ「佐藤錦」

佐藤栄助

1867
〜
1950

生き残った国産サクランボ

グローバル化が進む中で、農業が苦戦しているという話をよく聞く。たしかにそのとおりだが、逆にそれを機に討って出た元気な農業だって多い。サクランボがその例だろう。

サクランボが自由化されたのは、昭和53年（1978）である。その直前には、安いアメリカ産チェリーの輸入を警戒する声がずいぶん聞かれたものである。だが、どっこい。国産サクランボはしたたかに生き残った。

なにしろ自由化前年の昭和52年（1977）に2300ヘクタールだった結果樹面積は、平成16年（2004）に2倍近い4200ヘクタールに達し、今も増加傾向にある。それまでの加工主体の品種から生食用の「佐藤錦《さとうにしき》」に切り換え、雨よけ栽培で高級化をねらったことが奏功したからだ。

もう10年近くも昔になるが、サクランボの白い花が満開の季節に、山形県東根《ひがしね》市を訪ねた。「佐藤錦」の育成者佐藤栄助《さとうえいすけ》の孫佐藤栄泰《まさやす》氏にお目にかかり、おじいさんの畑をみせてもらうためである。「佐藤錦」は昭和3年（1928）に、当時東根町といったこの地で、佐藤栄助によって育成されたのである。

佐藤家はもともと土地の味噌醤油業だった。だが彼が家業を継ぐと、まもなく果樹栽培に転ずる。さっそく松林を開拓して5ヘクタールの果樹園を拓き、リンゴ・サクランボ・モモなどを栽培した。明治40年（1907）、40歳の時のことであった。

佐藤は今風にいえば、企業マインド旺盛な農家だったらしい。収穫したサクランボの東京出荷を企てたが、当時の品種は収穫期が梅雨に重なり、輸送中に腐って売り物にならなかった。品種改良を決意したのは、この時であった。

生食用品種の誕生

〈出荷時期が梅雨と重ならないよう、早出しのできる甘いサクランボが欲しい〉

山形県東根町（当時）で、サクランボの栽培をはじめて5年目の佐藤栄助が決意したのは、都会人が好む生食用品種を、自分の手でつくることだった。45歳の時のことである。

大正元年（1912）、佐藤は輸送に向き果肉の硬い晩生種「ナポレオン」と、甘味の強い中生種「黄玉《きだま》（原名ガバナーウッド）」を交配した。メンデル遺伝法則がわが国に紹介され、国の試験場で交雑育種法が使われはじめたばかりの時期である。交配の後、ほかの花粉の混入を防ぐためにかける袋は、奥さんと古雑誌に油をぬってつくったという。

翌年、佐藤は得られた500個ほどの種子を播いたところ、50本ほどの実生が発芽した。ここから栽培を続け、最初に果実が実ったのは大正11年（1922）だった。彼はさらに熟期と食味・外観で選抜を続け、最後に1本だけを残したのが、大正13年（1924）のことである。後に「佐藤錦」と名づけられた品種が誕生したのはこの時であった。

「佐藤錦」が世に出たのは、昭和3年（1928）のことである。育成者の佐藤は最初、この品種を「出羽錦《でわにしき》」と名づけようとしたが、友人の岡田東作《おかだとうさく》の進言で、「佐藤錦」と命名した。育成者の栄誉をたたえ、〈砂糖のように甘い〉の意味もこめた命名である。ただ、〈品種登録しては〉という岡田のすすめに、

「私のサクランボを植えたいという農家がいるだけで本望だ」といって、断ったという。

樹勢が旺盛で、果粒は鮮紅色で光沢に富み、そのうえ果汁が多くて、上品な甘味をもつ、中生種の誕生であった。

友人の岡田東作が苗木を販売

佐藤栄助が「佐藤錦」の生みの親なら、彼の友人の岡田東作は育ての親といってよい。苗木販売の「中島天香園」を創設し、以後「佐藤錦」の普及に情熱を傾けている。昭和初頭に世に出た「佐藤錦」が雌伏《しふく》50年、貿易自由化の時代まで持ちこたえることができたのは、岡田のおかげといってよいだろう。

「佐藤錦」の原樹は、昭和15年（1940）に中島天香園に移植されたが、現在はすでに枯死し、記念碑だけが残っていた。岡田東作の孫の岡田誠氏に案内していただいたが、碑の裏面に、「大正元年本町篤農家佐藤栄助氏那翁×黄玉交配作出の新品種にして昭和三年本園に於いて佐

サクランボの樹園

熟期、食味、外観で「佐藤錦」を作出

中島天香園にある「佐藤錦」の記念碑

藤錦と命名繁殖普及せし祖本也。岡田東作誌」と記されていた。

品種としては完成したが、「佐藤錦」のその後の道のりは、それほど平坦ではなかったようだ。当時の輸送事情では輸送に長時間を要し、「佐藤錦」のすぐれた特性を十分に発揮できなかったからである。生食用の品種だというのに、輸送中の品質劣化を恐れ、果肉の固い未熟のサクランボを出荷せざるを得なかったのである。

「佐藤錦」のもう一つの泣きどころは、なんといっても雨期に裂果しやすいことである。育成者の佐藤の努力にもかかわらず、「佐藤錦」のように果粒が大きく、甘みのまさる品種は、熟期が近づくと浸透圧のせいで裂果しやすい。昭和40年代までのサクランボ品種に果肉が固い缶詰用の「ナポレオン」が圧倒的に多かったのはそのためであった。

昭和45年（1970）の山形県統計では、「ナポレオン」が栽培面積の79％を占め、「佐藤錦」は12％に過ぎない。この品種がなかなか普及しなかった理由は、このあたりにあったのだろう。

雨よけ栽培で華麗に登場

昭和30～40年代に大流行した歌謡曲に「黄色いサクランボ」というのがある。

「若い娘はうっふん／お色気ありそでうっふん／ほらほら黄色いサクランボ……」

お色気いっぱいで思わせぶりなこの歌詞がヒットし、当時ずいぶん歌われたものである。

ところでこの歌詞の先には、「甘くて渋いよ／黄色いサクランボー」という句が続く。作詞家がどこまで意識していたかは知らないが、この時代、街で目にするサクランボには、未熟で黄色いものが多かった。出荷中に裂果することを恐れ、完熟を待たずに出荷されていたからである。

その黄色っぽい国産サクランボが、真っ赤に一変したのは、自由化時代になってからである。自由化に対応して、ルビー色に輝く「佐藤錦」が登場したからである。この華麗な変身には、ビニールフィルムで屋根を覆う「雨よけ栽培」の普及が大きくあずかっていた。

雨よけ栽培は昭和44年（1969）に、岐阜県の高冷地でホウレンソウ・トマトの病害回避・裂果防止のため開発されたのを嚆矢《こうし》とする。50年代になると果樹にも波及。サクランボでは54年（1979）ころ、神町（現在は東根市）の阿部巌が試みたのが最初で、以後周辺に普及してい

パイプハウスの雨よけ栽培が普及

毛ばたきに花粉をつけ、雄しべに授粉

ったといわれる。以前はテント式の雨よけ施設が普及していたが、パイプハウスに変わったものである。

雨よけ栽培の普及によって、サクランボは裂果の心配がなくなり、赤く色づくまで、樹の上におけるようになった。完熟した目にも鮮やかなサクランボが店頭を飾るようになったのは、この時からである。現在では、「佐藤錦」のほぼ１００％が、雨よけ栽培にとって代わっている。

人工授粉技術にも支えられて

農業の世界で一つの突出した技術が生まれるためには、これを支える多くの周辺技術が不可欠である。昭和50年代の自由化の嵐を国産サクランボが乗りきることができたのも、「佐藤錦」のほかに、この品種の特性をいかんなく発揮できるよう支えた「雨よけ栽培」などの周辺技術ができていたからである。

雨よけ栽培とともに、「佐藤錦」の普及に大きく貢献したのは人工授粉法だった。もともとサクランボは自家不親和性で、一部の例外を除き、同じ品種の花粉では受粉しない。そのため、訪花昆虫のミツバチ・マメコバチによる授粉が進められてきた。ところが、サクランボの早出しをねらって、施設栽培が増加し、開花期が早春にずれてくると、訪花昆虫には期待できなくなった。

そこに登場したのが、〈毛ばたき〉に花粉をつけて雌しべに授粉させる方法である。昭和43年（１９６８）に山形県農業試験場置賜《おきたま》分場によって開発された。「佐藤錦」は、こうした周辺技術の支えがあってはじめて、今日の隆盛をかちとることができたのである。

平成16年（２００４）現在、わが国のサクランボ結果樹面積は４２００ヘクタール、うち「佐藤錦」は２７７０ヘクタールで第１位、66％のシェアを誇る。大正のはじめ、佐藤が播いた一粒の種子は、長い風雪に耐えて今日、大きな実をむすんだのである。

昭和25年（１９５０）、サクランボ「佐藤錦」の育成者佐藤栄助は83歳で亡くなった。太平洋戦争で長男を失い、晩年はサクランボにも情熱を失っていたという。

失意の佐藤には、30年後、「佐藤錦」が日本農業の危機を救うことになろうとは、知る由もなかったろう。

岩槻信治と
愛知県の稲育種

岩槻信治

1889
〜
1948

臨時雇としての第一歩

このところ訪問していないが、愛知県安城市は〈農的雰囲気〉を多くとどめる町である。ここでは大正から昭和初頭にかけて、稲作・養鶏・園芸などの多角経営が推進され、「日本のデンマーク」と呼ばれた。今でもデンマークをもじった産業文化公園「デンパーク」が市民の憩いの場になっている。

安城が醸《かも》すこうした農的雰囲気は、明治34年（1901）に山崎延吉《やまざきのぶよし》が安城農林学校（現在の安城農林高校）初代校長に着任した時にはじまる。多角農業は、すぐれた農政学者で実践派農業指導者でもあった彼が推奨したものである。だが彼の最大の業績は、なんといっても多くの精農と農業指導者を育てたことで、今も安城農林の正門ロータリーには、山崎の遺徳を称えて胸像が建っている。

安城農林とともに、この町の農的雰囲気を支えてきた大きな柱の一つは、やはり山崎が長い間場長を務めた愛知県農事試験場だろう。大正9年（1920）にこの地に設立され、途中農業試験場と改称されたが、長く愛知県農業研究の本拠となってきた。現在は農業総合試験場に変わり、本隊は長久手町《ながくてちょう》に移ったが、ここが水田研究の中核であることには変わりはない。

明治39年（1906）、この試験場に一人の少年が臨時雇として採用された。近くの碧海郡《あおみ》長瀬村（現在は岡崎市）出身の岩槻信治《いわつきしんじ》18歳である。この年、安城農林を卒業したばかりのこの少年を試験場に推薦したのは、安城農林校長で試験場長でもあった山崎延吉である。後に「愛知旭《あいちあさひ》」「千本旭《せんぼんあさひ》」「金南風《きんまぜ》」などを育成、わが国水稲品種改良史に不滅の名を残した育種家岩槻信治の第一歩は、ここから踏み出された。

人工交配の手ほどきを受けて決心

明治から昭和にかけての43年間、岩槻信治が毎日片道8キロの道を通った安城市の「愛知県農事試験場」は、現在「農業総合試験場水田利用グループ」と名を変えている。

何年か前に、この本館2階にある「岩槻信治記念館」を訪ねたことがある。入口には柔和な岩槻のブロンズ像が立ち、参観者を迎えていた。室内には彼が育成した品種の標本が並び、能筆だった彼の書や、農家に愛読された彼の著作が展示されていた。

最初臨時雇に過ぎなかった岩槻が、育種家として大成した契機についてはすでに述べた。明治44年（1911）、当時の農事試験場畿内支場に派遣され、人工交配の手ほどきを受けたことである。ここでの2週間の経験が、彼の生涯を方向づけることになった。

「私の一生の仕事はこれだ、と固く決心した」

後に、岩槻自身もこう述べている。

決心もさることながら、岩槻は天性の育種家だったらしい。研修から帰ってすぐ、施設もない作業室で交配を試演してみせたが、すべて成功したという。当時の交配は20～30％も成功すれば上々だったというから、大変な腕前だったわけである。

愛知県農試で岩槻が育成した水稲品種は30有余に及ぶ。なかでも「愛知旭《あいちあさひ》」「千本旭《せんぼんあさひ》」は5万ヘクタール以上普及した。もっとも普及したのは、彼が最晩年に育成した「金南風《きんまぜ》」で、その多収性が買われ、最盛期には14万ヘクタールに達した。また昭和35年（1960）から5年間は普及面積全国1位になっている。

ちなみに「金南風」という名は、海辺の試験田で南風になびく黄金色の穂波をみた岩槻が、直感的に名づけたものという。さすが文人育種家、絶妙のネーミングである。

現場たたきあげの実践派

農業研究者仲間の間で、密かに語り継がれる〝万古《ばんこ》不滅の法則〟に、「学歴と優良品種育成は両立しない」というのがある。近ごろはともかく、たしかに後世に名を残す大品種をつくった育種家には、学問先行の理論派より、現場たたきあげの実戦派が多かった。岩槻はまさにその典型例だろう。

岩槻は器用さのほかに、卓越した洞察力を兼ね備えていた。彼の育種はいつも教科書にとらわれない型破りのものだった。有望と思えば、交配して間もない初期世代でもかまわず、交配親に供している。いもち病に強い品種をつくるため、当時あまり例をみない陸稲を交配親に使

岩槻信治記念館にあるブロンズ像

愛知県農業総合試験場（愛知県安城市）

っている。彼が陸稲の血を導入して育成した「真珠《しんじゅ》」「双葉《ふたば》」は、極端にいもち病に強く、以後の品種改良に広く利用されてきた。

岩槻流〈型破り〉育種の極地は、農家の選抜眼を活用したことである。農家とのつき合いの多かった彼は、求めに応じ、まだ固定されていない雑種3〜4代の系統でも農家にあずけ、彼らに選抜を任せている。岩槻が捨てた系統を、農家が拾い、最後はそちらが新品種になったという話まである。それを公表してはばからないほど、彼は品種づくりに自信をもっていたのだろう。

わが国の水稲品種改良は国と府県がネットを組んで進める指定試験事業によるものが多いが、愛知県のそれはこれとは別に、多くの優良品種を育成してきた。さすがに最近は岩槻が育成した品種の姿はないが、彼の後継者たちが育てた「日本晴《にっぽんばれ》」「黄金晴《こがねばれ》」「初星《はつぼし》」などは、その後も全国で広く栽培され、高い評価を受けてきた。その基《もと》を築いた人が、ほかならぬ岩槻信治であった。

病室に稲を持ち込んで選抜

品種改良の達人岩槻信治は、芸の達人でもあった。自ら三江《さんこう》と号し、民謡・小唄の作詞・作曲はもちろん、振りつけまで手がけている。彼がつくった盆踊り唄・田植え唄の類は総計170余り。校歌や行進曲まで作詞・作曲している。彼はまた笛・太鼓・三味線をよくし、謡曲はプロ級だったという。

そんな岩槻らしい逸話が残されている。彼は自分がつくった品種に名前をつけるのを楽しみにしていたが、その名は「真珠」「双葉」「若葉《わかば》」と、一風変わっていた。じつは、なじみの芸者の名からとったというのである。真偽のほどはともかく、こんな艶っぽい品種名をつける育種家はほかにはめったにない。

岩槻はまた話術の名人で、著書も多かった。暇さえあれば農村を回り、農家との対談を楽しみにしていた。彼の軽妙な講演はわかりやすく、いつも聴衆が溢れんばかりだった。

昭和23年（1948）、不世出の育種家岩槻信治は試験場在職のまま亡くなった。100日に及ぶ入院中、病室に稲を持ち込み、自作の安城小唄も口ずさみながら選抜を続けていたという。60歳の若さだった。

愛知県はもちろん、全国の稲作農家に生涯を捧げた岩槻の死に、愛知県は「農民葬」をもって報いている。法名は「創種院釈信楽」。生涯を品種改良に捧げ、多芸多能であった彼にふさわしい法名であった。

岩槻の逝去後、彼を慕う農家や技術者の寄金によって「岩槻賞」が設定された。昭和26年（1951）にはじまったこの賞は、毎年、県内外の優良農家・技術者を顕彰し、55回を数えた。今年（平成19年）から岩槻賞の名は消えるそうだが、農家や技術者を励ます賞の志だけは継承してほしいものである。

末武安次郎の たこ足直播器

末武安次郎

1840〜1913

リューマチが考案の動機

わが国の水稲直播《ちょくは》面積は平成18年（２００６）現在、１万５０００ヘクタール。ここ数年、少しずつ伸びてはいるが、まだ全稲作面積の１％にも達していない。

ところがその直播が今から70年前の北海道では16万ヘクタール以上も普及していた。じつは今ではすっかり忘れられた北海道独自の直播器、通称「たこ足」が存在したからである。

「たこ足」は明治30年代後半に、当時の北海道上川郡東旭川村（現在の旭川市）の農家末武安《すえたけやす》次郎《じろう》（保治郎ともいわれる）によって考案された。末武は京都府の出身、３男が屯田兵に志願した関係で北海道に渡り、就農した。ところが不幸にもリューマチを病み、冷水中での腰を屈《かが》める作業ができなくなった。そこで妻マス子と工夫を重ね、つくりあげたのが「たこ足」であった。

末武はこのアイデアを近くのブリキ職黒田梅太郎《くろだうめたろう》のところに持ち込み、彼の協力を得て製品化し、明治38年（1905）、連名で「水田籾種蒔器《もみたねまきき》」の特許を得ている。ちょうど日露戦争に勝利した年のことであった。まもなく黒田の手で「黒田式籾まき機」と名づけられ、市販に移されていった。

「たこ足」は、長方形の箱の底に16本の足（管）がのびた簡単な構造で、器体は浮き板で支えられていた。箱の底には一株分（約20粒）の種籾が入る円形の窪みがあり、仕切り板を引くとそこから管に籾が落ちる。操作はいたって簡単で、箱底の窪みに種籾を満たし、仕切り板を引くことで、一度に16株（8列×2行）を播くことができた。もちろん腰を屈める必要がなく、立ったままで作業ができた。北海道の稲作は、この「たこ足」の普及を契機に急速に拡大したのである。

播種作業を楽にする道具

ここで「たこ足」が誕生する前の北海道の稲作について述べておこう。

北海道で稲作が積極的に奨励されるようになったのは明治の中ごろからである。最初は内地同様水苗代が多く、5月上旬に播種《はしゅ》し、6月中旬に移植するものが多かった。

もちろん当時から直播に期待を寄せる声がなかったわけではない。直播なら5月中下旬に種まきでき、植え傷みの心配もない。種まき適期も2週間近くあり、移植が1週間程度で植えなければならないのに比べ、広い面積の稲作が可能であった。「不安定な水苗代に頼る田植えより、いっそ直播にしたい」という希望は多くの農家がもっていた。

にもかかわらず、直播が普及しなかった最大の理由は種まき作業にあった。除草や管理作業を考えると点播《てんぱ》がよいのだが、中腰のままの作業は田植え以上につらかった。「なんとか、楽に種をまく方法はないものか」

たこ足直播器

当時の末武家と住居周辺(北海道旭川市)

無芒品種(左)と有芒品種

そんな農家の願いに答えたのが「たこ足」であった。「黒田式籾まき機」は農家に歓迎され、いっきに普及していった。

「たこ足」は1日におよそ50アールを播種できた。普通、手植えでは1日に7～10アールがせいぜいだから、その5～7倍と断然速かった。しかも腰を屈めずに播種ができる。現在の歩行用2条田植機の1日当たりの移植可能面積が50～80アールというから、それほど差のない能率だったわけである。この画期的な道具に、周囲の農家が飛びつかぬはずはなかった。

明治末から大正にかけて、北海道の稲作は急激に増加するが、その功績の多くは「たこ足」に帰せられるべきだろう。「たこ足」は当時の北海道の稲作農家にとって、なくてはならぬ農具だったのである。

無芒品種「坊主」の登場

農業技術の進歩は、ときに雪山登山のようなものである。パートナーとお互いをザイルでむすび、助け合いながら進む。大正から昭和初頭にかけて、北海道稲作の躍進に貢献した直播器「たこ足」の場合も、パートナーの「坊主《ぼうず》」という無芒《むぼう》品種がなければ、ここまで普及しなかったに違いない。

「坊主」は、明治28年（1895）に、札幌郡新琴似村《しんことに》（現在の札幌市）の農家江頭庄三郎《えがしらしょうさぶろう》によって育成された。栽培していた「赤毛《あかげ》」の中から彼が見出した突然変異種で、早熟で茎葉が硬く、いもち病にも強かった。

「坊主」はその名のとおり芒《のぎ》がない。この品種を種籾に利用することで、播種がよりスムーズになり、「たこ足」はますます普及していった。

大正時代になると、「坊主」からその改良種「坊主2・5・6号」が育成される。いずれも北海道農事試験場上川支場が系統選抜で育成したものだが、これと「たこ足」がペアになると、北海道の稲作エリアはさらに道央・道東にまで拡大された。最盛期の昭和初年の道内直播面積は16万ヘクタール、北海道の全水田面積のおよそ8割が直播であったという。

「たこ足」の普及にさらに拍車をかけたのは、この時期に黒田式の特許が切れたことである。一時は22器種が市販され、1日に10ヘクタール以上播種可能というものまで出現した。

だがそんな「たこ足」直播も、昭和初期の冷害頻発を機に衰退に転ずる。油紙障子を利用した保護畑苗代が開発されると、より多収の中晩生品種を早植えすることが可能になったからである。「たこ足」はそれでも戦後まで各地で散見されたが、昭和30年代になるとさすがに姿を消していった。

執念が生み出した独創技術

学生のころ、「稲作はもともと直播からはじまったもので、田植えは後発技術」と教えられた。だが最近、この定説が揺らいでいる。直播はかなり高度な技術で、原始稲作は株分けした苗を植える移植だったのではないか、というのである。

たしかに直播はむずかしい。過去にも多くの先人たちが直播に挑んできたが、なかなか普及しなかった。実際の農家の一枚一枚の田んぼで栽培するとなると、苗立ちの確保、雑草の防除、倒伏などに、まだまだ多くの問題が残されているからだろう。直播普及面積が昭和49年（1974）の5万5000ヘクタールを最高に、以後低迷しつづけている理由もこの辺りにあるのだろう。

そんな中で、たとえ草創期の北海道とはいえ、16万ヘクタールもの直播田を現出した末武安次郎・黒田梅太郎の努力にはどんなに賞賛を送っても、過ぎることはないだろう。

いつだったか、戦時中に北海道に召集されていたという新潟県の農家から手紙をいただいたことがある。太平洋戦争末期の昭和19年（1944）7月のこと。根室から稚内《わっかない》に移動する軍用列車の窓からみた稲田が、

「ちょうど生け花の剣山を敷き並べたように見えた」というのである。

「たこ足」の田んぼは一株20粒もの密播だから、発芽した苗も剣山のように盛り上がってみえたのだろう。本州出身の彼にとって、これは心に焼きつく風景だったのだろう。

「たこ足」直播はどんなことをしても、稲をつくりたいという北海道の農家の執念が生み出した独創技術である。そのきっかけをつくった末武安次郎は大正2年（1913）、74歳で亡くなった。

藤井康弘らの耕うん機発明

藤井康弘

1909〜1977

農業機械化の幕開け

岡山市の新岡山港近くには、今ではヤンマー系列に属するセイレイ工業の社屋がある。ここに、スイス製の耕うん機「シマー」と、同社の前身藤井製作所が開発した耕うん機「丈夫号《ますらおごう》」が展示されている。

じつはこの古びた2台の機械が、わが国農業機械化の幕開けを飾った歴史的な耕うん機である。そしてその舞台となったのが、この辺りの児島湾岸の村々であった。

話は大正10年（1921）にさかのぼる。この年、一人の外国人貿易商がスイス製耕うん機をもってこの地を訪ねた。彼の名はファーブルランド。シマーを販売するため、全国を実演して回っていたのである。

ちょうど第1次世界大戦後の好景気で農村労働力が流出し、農村にも機械化の機運が高まりつつあった時期である。当時、この辺りでは稲・麦のほかイグサ栽培がさかんで、どの農家も収穫と移植の時期が重なり、音をあげていた。

「果たして耕起作業の助けになるか」

実演場の財田村《ざいでんそん》（現在は岡山市）にはそんな期待をもつ大勢の人が集まった。

見物人は集まったが、シマーの売れゆきはさっぱりだった。長さ1・6メートル、幅70センチ、重さ250キロと図体が大きく、扱いにくい。もともと畑地用で、水田には向かない。とくに問題はその価格の2000円で、日当80銭の当時、あまりに高過ぎたからである。

シマーは売れなかったが、じつはこの実演会が、わが国の農業機械化に火をつける結果になった。この機械に触発されて、国産耕うん機開発に挑む人がつぎつぎ生まれたからである。先陣をきったのは西崎浩《にしざきひろし》、その完成の大きな力となったのが藤井《ふじい》康弘《やすひろ》であった。

国産第一号の耕うん機が完成

「しばしも止まずに／槌うつ響き／飛び散る火の花／はしる湯玉」

大正12年（1923）にできた小学唱歌「村の鍛冶屋」の最初の一節だが、この時代から昭和の前半にかけて、村の鍛冶屋さんたちは活気に満ち溢れていた。

わが国農業の機械化は、この時代の活気に満ちた鍛冶屋さん抜きには考えられない。耕うん機の場合も、その開発の原動力になったのは、児島湾周辺の名もない鍛冶屋、鉄工所であった。シマーに触発された人々の中で、最初に名乗りをあげたのは、宇野村（現在は岡山市）の西崎浩だった。この辺りの農家は水不足に備えて、揚水用発動機をもっている。「使いなれた揚水用の手持ち発動機を取りつければ安あがりで、農家でも買えるのでは」というのが、西崎の発想であった。

昭和2年（1927）、西崎の試作した国産第一号「丸二式」耕うん機が完成、発売される。価格は180円というから、シマーの10分の1以下。使う時は自前の揚水用発動機を搭載する必要があった。西崎はそれでも「かなり使用できる」と述べているが、実際にはイマイチのできだったらしい。畑はともかく、水田では故障が続発した。耕うん機ではなく「コワレ機」だと冷やかされたという。

コワレ機はしかし、つぎの発明の踏み台になった。この機械をみて、新たに耕うん機づくりに挑む人が現れたからである。

彼らは周囲の人から奇人扱いされながら、互いに競い合い、協力しあって、新しい発明に挑んでいった。まだ「耕うん機」という名が定着せず、「田起こし機」「機械牛」と呼んでいた時代のことであった。

「丈夫号」と命名

「水田作業ができる耕うん機をつくろう」

そう考えた人は多かったが、妹尾町（現在は岡山市）の若者藤井康弘はとくに熱心だった。

もともと藤井家は揚水ポンプや脱穀機を製作する鉄工所。末っ子の彼は土地の工芸学校を卒業すると、すぐ長兄の経営する鉄工所に勤めた。そんな彼が耕うん機づくりにのめり込んだ直接の動機も、近くの藤田農場でシマー号をみたからである。児島湾干拓の父、藤《ふじ》田《た》伝三郎《でんざぶろう》が創

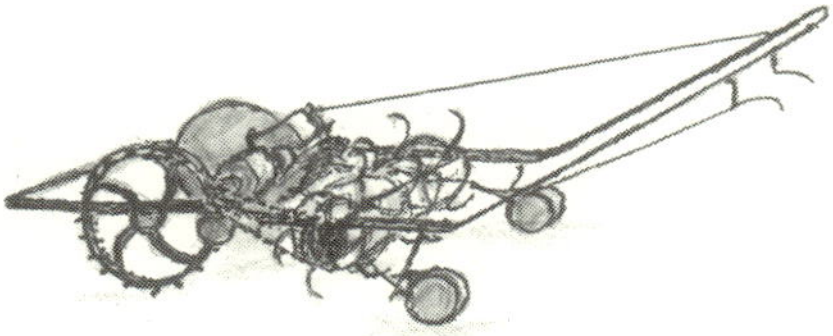

国産第1号の「丸二式」耕うん機

藤井商店発売の「丈夫号」が普及

ついに「代掻きのできる耕うん機」が完成

設した藤田農場では、すでにシマー号が麦作に使われていたのである。

藤井はさっそく、なけなしの小遣いをはたいて、中古のシマー号を手に入れる。彼の耕うん機づくりはこの機械の分解・組み立てからはじまった。ここで膨らませたアイデアを活かし、こつこつ製作した耕うん機が一応の完成をみたのは昭和9年（1934）。彼はこの機械を、前年発足させた藤井商店から「丈夫号《ますらおごう》」の名で発売した。コワレ機といわれたそれまでの機械と異なり、壊れない丈夫な機械の意味をこめての命名であった。

「丈夫号」の売れゆきは順調だった。昭和10年代になって戦時色が深まると、農村は人力だけでなく畜力も不足し、耕うん機に期待が集まった。1日に60アールほどの耕うんが可能であったというから、人力の15～20倍、畜力の4～5倍の能力をもっていたことになる。

もちろん耕うん機開発に力を尽くしたのは藤井だけではない。昭和13年（1938）時点での耕うん機製作所は全国で22、うち17が岡山県に集中していた。翌14年（1939）の耕うん機普及台数は2819台だが、その多くが岡山県内であった。黎明《れいめい》期の機械化に岡山県の鍛冶屋、鉄工所がいかに大きな役割を果たしたかを示す数字である。

耕うん機は水田作業の主役

戦争によっていったん中断された藤井康弘の耕うん機づくりだが、戦後いち早く復活する。昭和23年（1948）、藤井は3馬力の「富士号」耕うん機を発売する。25年（1950）には「代掻きのできる耕うん機」が完成した。重い鉄車輪が軽いゴム車輪に代わったのは27年（1952）。彼が耕うん機づくりを志しておよそ20年、ここから耕うん機は水田作業の主役になっていった。

昭和28年（1953）、農業機械化促進法が制定される。このころから内外メーカーの改良機がつぎつぎ出回るが、とくにアメリカ製メリー・ティラーの出現は耕うん機の歴史にエポックを画した。この機種では車輪の代わりにローターを装着できる。軽量・小型で安価なため、急速に普及し、以後これに追従する国産機も大量に出回るようになった。

昭和30年後半になり、農業基本法が制定されると、耕うん機はさらに普及、最盛期の昭和40年（1965）には普及台数が250万台を超えた。最近は乗用トラクターに代わりつつあるが、耕うん機が機械化の尖兵であったことには変わりはない。

それにしても耕うん機がここまで進歩した陰には、これを支えた大勢の農家がいたことを忘れるわけにはいかない。藤井の自伝『心の柱―土を耕す我が半生の記録』（世紀社出版）を読むと、

「いい耕うん機をつくってくれな。第一号が完成したら、うちの田で実験していいぜ」と励まし、試作機を買ってくれた農家の話が出てくる。

耕うん機をつくったのは藤井ら発明家だが、それをもり立てたのは当時渦巻いていた機械化を望む農家の熱気であったのである。

坂田武雄の
八重咲きペチュニア

坂田武雄
1889〜1984

茅ヶ崎農場から世界の花市場へ

もう遠い昔になるが、学生時代に農場見学で坂田種苗（現在のサカタのタネ）茅ヶ崎《ちがさき》農場を見学したことがある。東海道線の藤沢駅と茅ヶ崎駅の中間の相模川《さがみがわ》沿いに、当時としては珍しいモダンな建物が建ち、ガラス室が並んでいた。

じつはその時、ペチュニアという花にはじめてお目にかかった。どんな花だったか。あまり印象にないのだが、その時伺《うかが》った「オールダブル」の話だけは今もおぼえている。太平洋戦争前、世界の花市場をあっといわせたサカタの八重咲きペチュニア「オールダブル」は、この農場から送り出されたのである。

元来、ペチュニアは南米原産の野草で、園芸作物になったのは1930年代にイギリスで交雑種が生まれてからといわれている。その後ヨーロッパやアメリカで、さまざまな色や形の花が生まれ人気が出たが、八重咲きだけは満足できるものが生まれなかった。

ご存じのように、八重咲きはそのままでは種子がとれない。そこでいろいろ工夫するのだが、当時の八重咲き種の種子では、発芽したものの50％が八重であれば上々という程度のものだったという。

そんなペチュニアの世界に、なんと大輪波状弁の100％八重咲きの種子を送り込んで、世界をあっといわせたのが現在のサカタのタネの創業者坂田武雄《さかたたけお》である。昭和5年（1930）ごろのことであった。

ついでながら、わが国にペチュニアが渡来したのは今から150年ほど昔の文久年間。新見《にいみ》豊前守《ぶぜんのかみ》の遣米使節団が持ち帰ったのが最初といわれる。当時は衝羽根朝顔《つくばねあさがお》といわれた。羽子板でつく羽根に似ているからである。

世界を出し抜いた禹長春の発見

ここで100％八重咲きペチュニア「オールダブル」誕生の秘話に触れておこう。

話は当時、埼玉県鴻巣町《こうのす》（現在は鴻巣市）にあった農林省農事試験場で禹長春《うながはる》博士が坂田から種子の提供を受けたペチュニアを材料に遺伝実験を行ったことからはじまる。その実験で、禹は八重咲きが単一の優性遺伝子に支配されていることを知り、それを応用すればすべての雑種一代を八重咲きにすることができることを理論的に明らかにした。

もちろん八重の花は雄しべが花弁に変化していて、そのままでは種子がとれない。しかしペチュニアの場合は、重弁の先端に葯《やく》（雄ずいについている花粉の入った袋状の部分）がつき、花粉をつけるものがある。禹は遺伝的にホモな八重の株をつくり、その花粉を一重系統の雌しべに授粉させれば、メンデルの「優性の法則」どおり、すべてＦ１（雑種一代）が八重咲きになることに気がついた。いわれてみればなんでもないが、当時、世界のだれも気がつかなかった飛びきりの情報だった。

禹からこの原理を聞いた坂田は、ただちに企業化を決意する。もちろん理屈がわかったからといって、すぐ品種ができるわけではない。世界の花市場に打って出るのには、育種家としての腕と、企業家としての勇気が必要だった。さいわい坂田は若い時に4年間、アメリカやヨーロッパを見て回り、現地の園芸事情に精通していた。現地を知り尽くした坂田でなければ、戦前のあの時期に「オールダブル」を海外に売りさばくことなどできなかったろう。

「サカタマジック」の威力

今では農家が栽培する花や野菜の品種のほとんどがＦ１品種だが、坂田はなんと昭和初年に、世界に先がけてこれを世に送り出したのであった。

昭和のはじめ、坂田商会が「オールダブル」ペチュニアを輸出した時、欧米の業者はまだ八重咲き作出の秘密を知らなかった。大輪波状弁の100％八重咲きペチュニアは驚異の目で迎えられ、「サカタマジック」といわれ、飛ぶように売れた。

その時のシカゴの新聞のコラム記事が残されている。

「信じようと信じまいと、サカタのペチュニア種子は金の価格の10倍もする」

たしかに当時、「オールダブル」の種子価格は1ポンド1万ドル以上で、金の公定価格が560ドルだった。20倍に近い高値で取引されたことになる。いかに品種の人気がすさまじかっ

かつての坂田種苗茅ヶ崎農場（神奈川県）

八重咲きのペチュニアいろいろ

最近は小輪多花の匍匐型ペチュニアが好評

たかが伝わってくる。

だがそんな「オールダブル」の優位も、昭和16年（1941）の太平洋戦争勃発で一夜にして瓦解《がかい》する。戦争で農場がサツマイモ畑に変わっている間に、海外でも八重咲きの謎が解かれ、これをしのぐ八重のペチュニアが市場に出回るようになったのである。

戦争で壊滅的な打撃を受けた坂田商会だが、戦後みごとな立ち直りをみせる。昭和30年代になると、赤白縞《しま》模様のF1小輪種ペチュニア「グリッターズ」で海外の失地を回復、国内向けでは「プリンスメロン」を発表、世界のサカタへの復帰を果たした。

世界のペチュニアはかつてのゴージャスな花から様変わりし、最近は花壇用の小輪多花匍匐《ほふく》型品種が人気を集めている。平成元年（1989）にサントリーが発表した「サフィニア」がその火つけ役になったのだが、それより半世紀前、やはり世界のペチュニアをリードした坂田の壮挙が、その伏線にあったことは間違いないだろう。

「花の仕事」の出番は多い

全米種苗審査会（AAS）総会は、花と野菜の優良品種を認定する世界でもっとも権威のある祭典として知られる。昭和40年（1965）のこの総会で、坂田種苗の坂田武雄社長が最高特別賞「シルバーメタリオン牌」を受賞した。優良品種育成に最高の功績のあった育種家に贈られるこの賞をアメリカ人以外が受賞したのは、彼がはじめてであった。

坂田の受賞は長年花と野菜の優良品種を育成した彼の功に報いるものだが、なんといってもその最大の功績は八重咲きペチュニア「オールダブル」の作出だろう。

最近は農業の国際化が進み、農産物にも国際競争力が求められているが、今から80年の昔に、大輪八重咲きのペチュニアを世界の花市場に持ち込み、彼らの度肝を抜いた坂田の快挙は高く評価される。農産物輸出の話ならほかにないわけではないが、これは科学力で彼らを出し抜いたのだから痛快である。

世界をあっといわせた「オールダブル」の快挙は遺伝学者禹長春の学知と、優れた育種家でもあった坂田武雄の企業家魂が合体して、はじめて生まれたものである。今風にいえば、産学共同研究の成果である。

その禹長春は、戦後父の国韓国に帰り、白菜などの品種改良に貢献、韓国農業の父として今も敬愛されている。昭和34年（1959）に亡くなった。なお、彼の生涯については角田房子『わが祖国』（新潮社）にくわしい。

坂田武雄は昭和59年（1984）、95年におよぶ生涯を閉じた。

「花の仕事には終わりがない」というのが、彼の口癖であったという。「終わりがない」どころか、これからますます「花の仕事」の出番は多くなっていくに違いない。

松永高元と
サツマイモ「沖縄100号」

松永高元
1892
〜
1965

悲運の小禄試験地

「あの辺りが、小禄《おろく》試験地があった所です」

案内してくださった沖縄県農林部の方が、目の前の高いフェンスに囲まれた一画を指さして、そう教えてくれた。そこは那覇空港の裏手に当たる。中には広い芝生のあちこちにコンクリート建造物が建っていた。今から7〜8年前のことである。

沖縄県農事試験場小禄試験地は昭和19年（1944）10月の大空襲で灰燼《かいじん》に帰するまで、当時島尻郡小禄《おろく》村（現在は那覇市）安次嶺《あしみね》といわれたこの地にあった。敷地面積2・3ヘクタール、うち1・2ヘクタールが試験圃場。周囲に防風林を巡らせた簡素な試験地だったらしい。

小禄試験地といっても、だれも知らないだろう。だが、サツマイモの「沖縄100号」「護《ご》国藷《こくいも》（高系4号）」といえば、ある年齢以上の日本人ならわかってもらえるに違いない。太平洋戦争の時期、ひもじい思いをした日本人がなんとか飢えをしのげたのは、このイモのおかげである。そしてこれらの品種が生を受けたのがこの小禄試験地であった。

サツマイモ「沖縄100号」はここに併設されていた農林省甘藷《かんしょ》改良増殖試験地で昭和9年（1934）、松永高元《まつながたかもと》らによって育成された。「護国藷（高系4号）」も、ここで松永らによって交配され、三重県と高知県の試験場で選抜された品種である。こちらは昭和11～13年（1936～38）に、同じ交配系統が別々の地で育成されたものである。

小禄試験地で交配された品種なら、ほかにも多い。それぞれ育成地は異なるが「農林1～3号」「茨城1号」など。敗戦前後のどん底時代、日本人の食を支えたサツマイモのほとんどがこの小禄試験地で、松永高元らの手によって交配されたものであった。

炎天下の交配作業

ここで、昭和初期のサツマイモ品種改良事情について述べておこう。

ご存じのようにサツマイモは栄養繁殖植物で、沖縄と南九州を除き、内地では種子がとれない。最近は研究が進み、内地でも採種ができるようになったが、まだこの時代は無理で、したがって人工交配による品種改良がむずかしかった。

とはいえ、多収品種の育成には人工交配が欠かせない。そこで考え出されたのが、沖縄県農事試験場で交配採種を行い、内地の各試験場が選抜を行う2段階の育種であった。昭和2年（1927）、農林省がスタートさせた「甘藷改良増殖試験事業」がそれである。

まず、小禄試験地が日本中のサツマイモの交配を一手に引き受ける。つぎに、ここで得られた種子や蔓苗《つるなえ》を内地に送り、それぞれの試験場が地域に適した品種を選抜する。国や県の試験場でサツマイモの品種改良が組織的に行われるようになったのは、この時からであった。

おりから日本中が戦争に向かって突き進んでいった時代である。サツマイモは食用はもちろん航空機燃料用としても最重要の作物だった。小禄試験地はその品種改良の要《かなめ》であったわけで、くる日もくる日も炎天下の交配作業が続けられていった。主任の松永高元がその先頭にあったことはいうまでもない。

昭和19年（1944）の大空襲で小禄試験地が壊滅するまでの18年間に、ここで交配された系統は631組み合わせ、得られた種子はおよそ28万におよぶ。うち24万が内地に送られた。前述のように「護国藷」も「農林1号」も、戦中戦後の日本人の胃袋に入ったサツマイモのほとんどは、この中から生まれたものであった。

多収品種として全国で歓迎

今ではすっかり那覇空港の下に埋もれた沖縄県農試小禄試験地だが、この試験地とここで活躍した松永高元らの最大のヒットは、なんといっても「沖縄１００号」だろう。

小禄試験地では全国の試験場にサツマイモの交配種子を届けたが、みずからも品種改良に力を注いでいる。じつはその時育成された品種の一つが、「沖縄１００号」だった。

「沖縄１００号」は昭和９年（１９３４）に世に出た。交配親は「七福」×「潮州《ちょうしゅう》」。交配されたのは昭和３年（１９２８）のことである。はじめは県内の早掘り用として普及・奨励したようだが、ふたを開けてみると、県内だけでなく全国で爆発的に歓迎された。

なにしろ世は〈国民総腹ぺこ〉の時代であった。なにより多収が切望されたが、「沖縄１０

那覇空港裏手に当たる小禄試験地跡

アサガオそっくりのサツマイモの花

爆発的に歓迎された多収品種「沖縄100号」

0号」はその条件にかなう品種だった。この品種で10アール当たり1700貫（6375キロ）の超多収を得た農家の話も伝えられ、栽培熱をあおる結果になった。

じつはこの品種は食味不良で、肥大すると条溝が目立ち、外観もよくなかった。だが、そんな欠点がまったく気にならないほど、当時は多収が優先したのである。

「沖縄100号」は食料事情の悪化とともに作付け面積を増し、終戦直後の昭和21年（1946）には最高8万ヘクタールに達している。現在の全国面積がおよそ4万ヘクタールだから、その2倍を1品種で占めていたわけだ。同じ小禄交配の「護国藷」を合わせれば、この時期のサツマイモのじつに40％をこの2品種で占めた。

今ではすっかりコンクリートや芝生で覆われた那覇空港の土だが、その土の下に、わが国におけるサツマイモ品種改良の歴史的第一歩が印されているのである。

交配母本としての活用

民俗学者宮本常一の『甘藷の歴史』（未來社）を読むと、「敗戦の焼跡にいちはやくたちならんだ闇売りは焼芋・蒸し芋屋であった」とある。サツマイモはあの時代の庶民のもっとも頼りになる食べ物で、焼け跡はもちろん校庭までイモ畑に化していた。その多くが松永高元の育成した「沖縄100号」だったに違いない。

だがそんな「沖縄100号」も、食料難が解消すると、いっきに姿を消していった。

今ではすっかり世間から忘れ去られた「沖縄１００号」だが、その抜群の高生産性は交配母本として現在も生きつづけている。最近はバイオマス、バイオエネルギーの重要性が認識されるようになったから、なおさらだろう。

余談だが、「沖縄１００号」は戦争中に中国大陸に渡り、戦後は「勝利１００号」と改称され、華北一帯で広く栽培された。その後、中国でも交配母本として活用され、１００に及ぶ優良品種の育成に貢献したという。これからも貴重な遺伝資源として、広い大陸で利用されていくに違いない。

「沖縄１００号」の育成者松永高元は通算26年間沖縄県農事試験場に勤務し、昭和18年（１９４３）に郷里の鹿児島に帰った。戦後しばらくは鹿児島大学種子島《たねがしま》農場の講師を務めたが、温厚な人柄で、いつも地下足袋《じかたび》・作業衣姿で畑に出ていたという。ここでもサツマイモの品種改良に取り組んでいたそうで、根っからのイモ研究者だったのだろう。

松永は昭和40年（１９６５）、宮崎市で亡くなった。享年72。もはや食料難など遠い昔になっていたとはいえ、その克服に力を尽くした彼の働きを知る者にとってはさびしい葬儀であったという。

並河成資と
水稲「農林1号」

並河成資

1897
〜
1937

「鶏またぎ米」から良質米へ

新潟県長岡市にある新潟県農業総合研究所の正面玄関右脇には、木立に囲まれて胸像が建っている。ここで水稲「農林1号」を育成した薄倖の育種家並河成資《なみかわしげすけ》を顕彰して昭和26年（1951）に建立されたものである。

水稲「農林1号」は、昭和6年（1931）、当時の新潟県農事試験場（現在の農業総合研究所）で、並河らによって育成された。「農林1号」といっても、今では知らない人が多いだろう。だがそんな人も、この品種の子孫から「コシヒカリ」「ひとめぼれ」など、現在の良食味品種のほとんどが生まれたといえばわかってもらえるだろう。

並河は京都府南桑田郡曾我部《そがべ》村（現在の亀岡市）の生まれ。大学を卒業した翌年に長岡に赴任し、６年後にこの品種を育成した。

今でこそ、北陸は良食味米の産地として有名だが、昭和初頭のこの地方の産米は「鶏《とり》またぎ米」といわれるほどおいしくなかった。なにしろ乾燥施設もなかった時代のことである。この地方特有の強湿田に秋雨が重なり、刈りとりが遅れることが多かった。穂発芽と不十分な乾燥。当時、北陸米の評判がかんばしくなかったのはこういう事情だった。

秋雨前に収穫できる良質米がほしい。そんな農家の要望に応えて育成されたのが、この「農林1号」であった。

「農林1号」はとくに早場米地帯の農家に歓迎された。9月早々に収穫できる当時としてはごく早生品種で、品質・食味ともに抜群、増収も期待できたからである。もちろん市場の評価も高く、最盛期の昭和16年（１９４１）には北陸・東北を中心に17万ヘクタールが栽培されている。北陸米が今日の地位を占めるようになったのはこの時からといってよいだろう。

農林品種登録番号の由来

ここで「農林1号」の名前と農林品種登録番号の由来について述べておこう。最近はあまり聞かなくなったが、かつての農作物には「農林○号」という品種名がついたものがあったことを記憶している人も多いだろう。これは大正14年（１９２５）に農林省の全国的な育種ネット

「指定試験事業」が発足してから、同省の試験場と府県の試験場（指定試験地）の育成品種につけられた名前である。

昭和６年（１９３１）に並河らが育成した水稲「農林１号」は、この命名法が最初に適用された水稲の第１号であった。

もっとも昭和25年（１９５０）以降に育成された品種については、この名前とは別により親しみやすいニックネームがつけられるようになった。水稲「コシヒカリ」、リンゴの「ふじ」などがそれだが、今でも「コシヒカリ」は「水稲農林１００号」、「ふじ」は「りんご農林１

現在の新潟県農業総合研究所（新潟県長岡市）

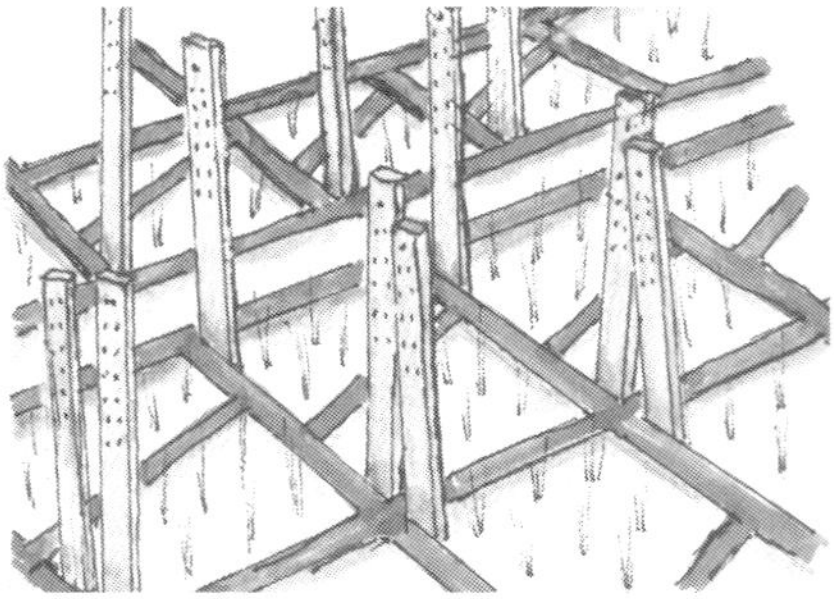

育種用に小区画に区切った苗圃

研究所の育成温室

号」という正式登録名が別にある。

「農林1号」の親品種は山形県の農家森屋正助《もりやしょうすけ》が育成した「森多早生《もりたわせ》」と農事試験場陸羽支場育成の「陸羽１３２号」である。「陸羽１３２号」についてはすでに述べたが、この両親から生まれた雑種５代が新潟県農事試験場に送られてきたのは昭和2年（１９２７）のことだった。

もっともこの時送られてきたのは、この組み合わせだけではなかったようだ。この組み合わせを含めた8組み合わせの雑種5代系統が送られてきたらしい。

「農林1号」は、これらの組み合わせから並河らが世代を追って選抜し、最後に残した系統だったのである。新潟県農試での選抜から固定までには6年間を要している。

早場米として飢えを救う

「水稲農林1号」が真にその名を高めたのは、太平洋戦争直後の食料難の時期である。数百万の餓死者が出ると予想された昭和21～22年（１９４６～４７）に、いち早く出荷された早場米「農林1号」が国民を飢えから救ったからである。「農林1号」の名はこの時以来、日本中に知れわたっていった。

危機が去った昭和24年（１９４９）、一枚のビラが北信越の農家に配られた。

〈故並河成資氏のために、あなたの水稲農林1号のひと握りを〉

じつはこのとき、並河はすでにこの世にいなかった。昭和12年（１９３７）に、突如自らの生命を絶ったのである。戦前の抑圧的な雰囲気が、彼を死に追いやったといわれている。享年41、若過ぎる死であった。

並河の突然の死は、残された夫人と幼い３人の子どもを苦境に追い込むことになった。そうでなくても戦中・戦後のきびしい時代である。ビラは残された遺族の窮状を見かねて、旧友たちが呼びかけたものであった。

反響は驚くほど大きかった。〈恩人の遺族を救え〉の声は新聞・ラジオを通じ全国に広まった。並河を称えるドラマや浪曲ができ、逸話は小学校の教科書にも登場した。寄付ははじめ農家だけが対象だったが、やがて都会からも寄金が寄せられ、４９０万円を超えた。現在のお金で５０００万円ほど、延べ１０００万人の誠意であった。

今思えば、この時多くの人の心を動かしたのは、ひとり並河の悲劇的な死だけではなかったように思う。彼に重ねて、戦中・戦後の飢餓突破に粉骨砕身した農業技術者の労がねぎらわれたのだろう。技術者と農家・消費者の心が一つになった過ぎし歴史の一コマである。

鉢蠟清香技手の助力あればこそ

「水稲農林1号」について語るとき、この品種の育成に深く関係したもう一人の育種家にも触れないわけにはいかないだろう。並河成資を助け、この品種の育成に汗を流した鉢蠟清香《はちろうせいか》、その人である。

鉢蠟は富山県東礪波郡平村（現在の南砺《なんと》市）の出身。大学を卒業すると、すぐ新潟県農事試験場に技手として就職した。「農林1号」の育成に際して、鉢蠟は多忙な並河を助け、圃場管理や選抜の実務いっさいをこなしている。きまじめな人で、彼の献身なくしては「農林1号」の誕生はなかったろう。

だが戦後「農林1号」が評価され、多くの寄金が寄せられたとき、じつは鉢蠟もまた、この世の人ではなかった。昭和17年（1942）に、郷里で亡くなっている。奇しくも並河と同じ41歳の若過ぎる死であった。

鉢蠟清香コーナーのある平村郷土館（富山県南砺市）

新潟県農業総合研究所に建つ並河成資の胸像

鉢蠟はもの静かできまじめな性格の人だったようだ。写真をみせてもらったが、都会風の美男子だった。

もう10年前ほども昔の3月のはじめに、鉢蠟の郷里、合併前の平村を訪ねてみた。富山県の奥座敷、五箇山《ごかやま》地方にあって、合掌式住居でも有名なこの山村は、まだ2メートルの雪に埋もれていた。役場にお寄りして、村長さんや鉢蠟家の親戚の方にもお会いできた。晩年の鉢蠟はここで療養生活を送り、気分がよいと好きな油絵を描いていたという。

平村郷土館の前に、鉢蠟を顕彰する農夫立像が建っていた。館内にはこの村の歴史を語る資料とともに、鉢蠟の遺品や「農林1号」に関する資料が展示されていた。

やがてわき起こった賞賛の声も聞くことなく、ひとり逝った薄倖の育種家に、故郷は今も最高の礼を尽くしている。

千年・万年保存の種子

最後に、もう一度話を胸像にもどそう。昭和26年（1951）11月、新潟県農業試験場で水稲「農林1号」の育成者並河成資を称える胸像の除幕式が盛大に挙行された。全国から遺族に寄せられた寄金の一部で建立されたものである。

当日はあいにくの雨にもかかわらず、遺族のほか、「農林1号」育成関係者、農家、消費者団体代表など300人余りが参集し、胸像の完成を祝った。式典では遺児育英資金の贈呈と、この品種の育成に関与した並河以外の関係者に対する感謝状の贈呈も行われた。

じつはこの時、胸像の台座に「農林1号」の種子をはじめ、当時広く栽培されていた大豆・小麦・ナタネ・レンゲの主要品種種子が収められた。種子は永年貯蔵に耐えるよう、特殊な保存瓶に入れられ、厳重に密閉された。種子のタイムカプセルだが、度肝を抜かれるのは、その台座の背面にはめ込まれた銅板の銘文である。

「記念種子　封入西暦１９５１年。開封２９５１年。同１１９５１年。（中略）指定の年次までの保存を乞う」

この永年貯蔵の発想者は、この募金活動の提唱者でもあった当時の北陸農業試験場長秋浜浩《あきはまこう》三《ぞう》である。ちょうどその年の春、千葉市で発掘された２０００年前のハスが発芽したという「大賀ハス」の話が世間を騒がせたばかりであった。種子は、当時考え得る最高の種子貯蔵技術を駆使して収納されたが、それにしても千年後・万年後となると、ただごとでない。秋浜の胸には、技術者・農家・消費者の心が一つになったこの日の感激を、少しでも遠い未来に伝えたいという想いがあったのだろう。

荻原豊次の保温折衷苗代

荻原豊次

1894〜1978

画期的な育苗法の創始

「20世紀日本農業に貢献した稲作技術を三つあげよ」といわれたら、わたしならためらわず、①保温折衷苗代《ほおんせっちゅうなわしろ》、②「コシヒカリ」、③稚苗《ちびょう》田植機の三つをあげる。

その一つ、保温折衷苗代の故地長野県軽井沢町を昨年（平成18年）の6月に訪ねてみた。長野新幹線の軽井沢駅から、しなの鉄道に乗り換えて最初の駅が中軽井沢駅である。ここから徒歩で15分ほど。国道18号線の古宿バス停のすぐ近くに保温折衷苗代の創始者荻原豊次《おぎわらとよじ》の頌徳《しょうとく》碑《ひ》が建っていた。周囲は人家もまばらで、雑木林の間にキャベツ畑が散在する。頌徳碑の周囲は生け垣で囲まれ、傍らにはツツジの花がまだ咲き残っていた。

保温折衷苗代はここで農業を営んでいた荻原豊次48歳によって創始された。太平洋戦争がきびしさを増していった昭和17年（1942）のことであった。

保温折衷苗代といっても、今の人は知らないかもしれない。水田に短冊形の苗床をつくり、出芽した種籾を播く。床面には焼籾殻を厚めにかぶせ、油紙で被覆《ひふく》し、周囲を泥でおさえる。被覆紙は風で飛ばされないよう、周囲に杭を打ち、縄でおさえる。播種後は発芽を促すため、溝だけに灌水するが、苗が伸びたら床面まで水位を上げる。苗が生長して、紙を持ち上げるようになったら、油紙を除く。あとは水管理に注意し、苗を健康に育てていく。折衷とは畑苗代と水苗代の折衷を意味する。これがこの育苗法の概略であった。

一人の農家の工夫から生まれたこの育苗法によって、寒冷地の田植え期は7～10日早まるようになった。そしてこの保温折衷苗代が、以後のわが国の稲作を大きく変えることになっていったのである。

早植えの効果を確信

軽井沢の農家荻原豊次が保温折衷苗代を思いついたきっかけは、昭和6年（1931）の冷害にあった。この年から昭和10年（1935）にかけて、北日本や高冷地で記録的な大冷害が頻発した。

当然、荻原のいた軽井沢も冷害に見舞われ、大きな被害を受けた。だがその凶作が彼の研究心に火をつける結果になった。

「わたしは物好きだから」と、荻原はよくいっていたそうだ。だが、そんな物好きだからこそ、どんな変化も見落とさなかった。近隣の水田を見回るうちに、同じ品種でも早植えしたものほど冷害に強く、稔りがよいことに気がついたのである。

よい苗を早植えすれば、たとえ冷害の年でも、そこそこの収量が得られる。荻原が早植えの効果を確信したのはこの時だった。

だが軽井沢は春がおそい。早植えをしたくても苗が育たない。そこで仲間とはかり、春が早い群馬県の農家に苗つくりを委託した。この委託苗代は一時かなり普及したが、戦争が激化すると人手不足で頓挫してしまった。

〈なんとか自分の手でよい苗をつくろう〉

荻原の育苗法の工夫はここからはじまった。

荻原が最初目をつけたのは温床苗代だった。たまたま野菜温床に紛れ込んで発芽した稲苗を、試しに本田に移植してみたところ生育がよかったからである。

苗床に油障子をかぶせる簡易温床苗代は確かに苗の生育がよかった。しかし畑状態のため立枯病が多発する。そこでさんざん苦労を重ね、最後にたどり着いたのが、出芽までの前半を畑状態、以後を水苗代にする折衷苗代だった。太平洋戦争がいよいよ深刻さを増した昭和17年（1942）のことであった。

岡村技師の本格的な研究

昭和18年（1943）の春、荻原豊次はたまたま巡回指導で軽井沢を訪れた長野県農事試験場岡村勝政《おかむらかつまさ》技師に出会った。岡村は当時、原村冷害試験地（現在の原村試験地、長野県諏訪《すわ》郡原村）にいて、県内の農家に苗つくりの指導をして回っていたのである。

荻原の話を聞いた岡村は、ただちにこの育苗法の将来性を見抜き、ここから二人の共同研究が進められるようになった。とはいえ、折悪く戦争さなかのことである。落ち着いた研究がと

軽井沢に建つ荻原豊次の頌徳碑

原村試験地（長野県原村）

原村試験地脇にある岡村勝政の頌徳碑

てもできるような状況ではなかった。岡村が本格的な研究に専念できるようになったのは、戦後になってからだった。ここから精農の技術に科学の光が当てられていった。

岡村の研究は傘屋さんに通って、苗代に被覆する油紙づくりを修業するところからはじまった。さらに苗代に向く油紙（温床紙と名づけられた）の比較、被覆の方法、播種量、種籾にかぶせる焼き籾殻の量、油紙を除く時期などがつぎつぎに試験されていった。

岡村の努力で、保温折衷苗代の技術が普及に移しうる段階にまで達したのは、昭和22年（1947）秋のことであった。戦争でうちひしがれた日本農業に復興の光が射しはじめた、これは最初のできごとだった。

長野県農事試験場原村試験地には、保温折衷苗代を記念するもう一つの頌徳碑が建っている。こちらはこの地で保温折衷苗代の技術化に貢献した岡村を称えたもので、碑面には、「水稲保温折衷苗代技術確立之地、岡村勝政先生頌徳碑」とあった。

原村村民の寄金によるものだそうだが、増産を享受した農家の気持ちがこの碑を建立させたのだろう。

増収技術として全国に展開

軽井沢の農家荻原豊次が考案した保温折衷苗代が全国に普及しはじめたのは、太平洋戦争後のことであった。

昭和22年に、長野県農事試験場の技師岡村勝政の誘いを受け、原村試験地を訪れた近藤頼巳《こんどうよりみ》がこの育苗法のすばらしさに着目、全国に広めたからである。後に東京農工大学学長にも就任した近藤は、当時は農林省の開拓研究所に勤務していた。

初対面の岡村に保温折衷苗代をみせられた時、近藤は感激のあまり、「これはえらいことだ。大発見だ。苗づくりに苦労している寒高冷地の農民に早く知らせなければ」と叫んだという。

じつは近藤はかつて東北にいて、稲の冷害研究に従事した経験をもつ。寒冷地での稲つくり

保温折衷苗代の技術を確立

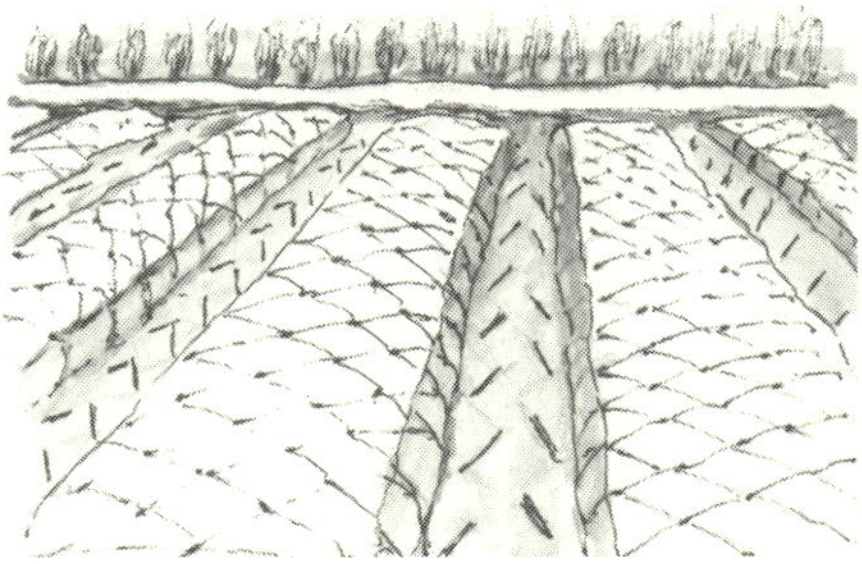

その後、被覆資材はビニールフィルムに換わった

の経験から、健苗早植えの効果をもっとも理解している研究者だったのである。

近藤はこの日から保温折衷苗代の普及に全力を注ぐようになった。だが物資が不足し、油紙に使う紙も油も不足していた時代のことであった。たとえどんなにすぐれた技術でも、そう簡単に普及するはずもなかった。

保温折衷苗代の普及に大きな役割を果たしたのはマスコミだった。とくに『日本農業新聞』は紙面の多くを割いて、特集記事を掲載した。日本中が飢えに苦しんでいた時代のことである。増収にむすびつく情報は、マスコミにとっても重大な関心事だったのである。

もちろん増収技術を待ち望んでいたのは、農家自身であった。記事を読んだ農家の要請を受けて、荻原も岡村も近藤も、各地を回り、この新育苗法を紹介して歩いた。農家はどこでも膝を乗り出し、目を輝かして聞き入っていたという。

技術革新の起点に

太平洋戦争が終わり、平和が訪れた時、増産に燃えた農家の意欲はすさまじかった。その農家の最大の武器となったのが保温折衷苗代である。昭和23年（1948）に長野県で1000ヘクタール普及したのを皮切りに、30年（1955）には29万ヘクタールにまで急伸している。農林省の積極的奨励もあるが、農家の意欲がこの好結果を招いたのだろう。

昭和30年代になると、保温折衷苗代の被覆資材はより効果の大きいビニールフィルムに置き換わる。このことも普及拡大の大きな力になった。最盛期の昭和40年（１９６５）には全国で１０６万３０００ヘクタール、全水田面積の34％を占めている。

保温折衷苗代の成果は北日本の稲作農家に増収をもたらしたことだけではない。西日本でも稲作可能期間が拡大され、早期栽培・晩期栽培と作付けに幅を持たせることができるようになった。

保温折衷苗代の普及はまた、その後の技術革新の起点でもあった。早植えの効果を実感した農家の声が、やがて早植え用耐冷性品種の育成や積雪地での室内育苗の開発を促すきっかけになった。保温折衷苗代がなければ、「藤坂５号」の誕生や室内育苗・田植機の発明にもっと時間がかかったに違いない。

それまで低収だった東日本の水稲単収が急伸し、日本の稲作の重心が西日本から東日本に大きく傾いたのも、この保温折衷苗代誕生がきっかけになったといってよいだろう。

農家の工夫が地元試験場を動かし、さらに農林省の後押しを得て全国に展開されていく。日本中が増産に燃えていた時代の稲作技術は、いつもこうした流れにのって普及していったものであった。

大井上康のブドウ「巨峰」

大井上 康

1892
〜
1952

枝いっぱいに実をつけた老樹

伊豆箱根鉄道修善寺駅で降りると、すぐ近くに赤城山系の山々が迫ってみえる。その一つの小高い丘に、ブドウ「巨峰《きょほう》」の育成者大井上康《おおいのうえやすし》ゆかりの「大井上康学術文献資料館」が建っている。国登録有形文化財に指定されているこの建物は、白い壁に、青い窓枠、赤い屋根といった瀟洒な洋風木造建築だが、大正8年（1919）に、大井上自身が設計し、わざわざ東京から大工を呼んで建てさせたという。もともとは「理農学研究所」といった。

もう十数年昔の梅雨の季節に、この建物を訪ねたことがある。大井上康の長男大井上静一《せいいち》さんに、ここで育成された「巨峰」と大井上康について、お話を聞くためだった。室内には、大井上が愛読した内外の学術書、書きためたノートが書棚いっぱいに詰まっていた。話の後、隣接したブドウ園で「巨峰」の老樹をみた。原樹は台風で枯死したそうで、これはその樹に次ぐ老木だそうだが、枝いっぱいに実をつけ、青々と葉を茂らせていた。

ブドウ園から続く高台には、大井上の胸像と記念碑が建っている。あいにく曇天だったが、天気さえよければ正面に壮大な富士山が見えるとのこと。大井上はこの大景観を愛し、それにちなんで、「巨峰」と命名したという。

記念碑の碑文には、

「何よりもたしかなものは事実である」

と記されていた。

平成16年（2004）現在、「巨峰」の結果樹面積は6490ヘクタールで全国1位、わが国で栽培されるブドウの3分の1を占める。

終生を野に生き、幾多の試練を乗りこえて、この大品種をつくった大井上の言葉だと思うと、ずっしりとした重みが伝わってくる。

世界に誇る最高級の果実

深紫の大果粒、並外れた甘さとしまった肉質、なによりもあの芳醇な香り。「巨峰」はわが国果樹農業が世界に誇る果実である。だがこの最高級の果実が、あの太平洋戦争のさなかに一民間育種家の手によってつくられたと聞くとびっくりする人も多いだろう。

じつは「巨峰」は民間育種家大井上康によって、日中戦争が勃発した昭和10年（1935）に交配され、敗戦後の腹ぺこの時代、21年（1946）に世に出た。

大井上は明治25年（1892）、広島県江田島《えたじま》の海軍兵学校官舎で生まれたという変わった経歴をもつ。父、久磨《きゅうま》が海軍兵学校教官であったからで、久磨は後に海軍少将に昇進、日露戦争では軍艦「春日《かすが》」の艦長として活躍している。

軍人の子として生まれた大井上は父の後を継ぐべきところ、幼時に関節炎をわずらい足が不自由だったため、農学を志した。東京農業大学卒業後、自らの農業理念を実践に移すべく「理農学研究所」を設立する。大正8年（1919）からは中伊豆町（現在の伊豆市）に住み、本格的なブドウ研究をはじめた。

「巨峰」は岡山県上道町《じょうとう》（現在の岡山市）石原農園で発見された「キャンベル・アーリー」の枝変わり4倍体「石原早生」に、オーストラリア産4倍体「センテニアル」を交配した4倍体品種である。わが国ブドウ倍数体品種の第1号であり、戦後の生食用品種大粒化の火つけ役にもなった。

〈雨の多いわが国で露地栽培可能な、とてつもなく大粒の高級ブドウをつくりたい〉

というのが、大井上の夢だったというが、今ではその夢も現実のものになったといってよいだろう。

少数の理解者の手で技術開発

どうやら「強烈な個性」というものは、人間だけでなく農作物にもあるものらしい。おいしいがつくりにくい水稲「コシヒカリ」もその例だが、個性派の筆頭はなんといっても「巨峰」だろう。

「巨峰」はいわば気むずかし屋の天才児のような扱いにくい品種である。倍数体品種の宿命で環境変化に弱く、着花稔実が不安定で、栽培がむずかしい。とくに生理的落果〈花ぶるい〉を

隣接したブドウ園にある「巨峰」の老樹

気むずかし屋の「巨峰」は大粒の高級ブドウ

高台に建つ大井上康の胸像と記念碑

生じやすいのが、最大の欠点とされた。

有名な話だが、昭和28年（1953）に農林省に種苗登録の申請をしたが、この花ぶるいが問題になり、「農家が栽培するには、技術対策が不十分」とクレームがつき、却下されたという。

わたしも農水省のOBだが、当時の国の方針は少しでも農家が失敗しそうな技術の普及を極力敬遠したものである。〈先を見る目がなかった〉といわれれば、返す言葉もない。

周囲の無理解の中で、「巨峰」が今日の地位を築くことができたのは、かかってこの品種の可能性を信じる少数の理解者がいたからである。彼らの手で、剪定や房づくりなど、樹勢を調節する技術がつぎつぎに開発された。この品種の個性に即した管理技術が創りあげられていった。

まもなく、その仲間の多くが恒屋《つねや》棟介《むねすけ》を中心に「日本巨峰会」を結成する。彼らの手によって、この気むずかし屋の品種は、その天賦の才能を存分に発揮するようになった。

「巨峰」がスーパーに広く出回るようになったのは、昭和40年代後半になってからだろうか。それまでの20年間、この品種を守り、今日の基礎を築いたのは、やはり彼ら在野の研究者と農家の団結力といって過言でないだろう。

「栄養週期理論」を提唱

「巨峰」をつくったのは、育種家の大井上康だが、これを育てたのは巨峰会を中心にした農家ではないだろうか。彼らはつねに研修会を開催、技術だけでなく、品質管理・流通販売までの研鑽と、会員相互の情報交換に励んでいる。

彼らが大井上を慕ったのは、ただ「巨峰」という品種に魅力があったばかりではない。大井上が提唱した「栄養週期理論」が、当時の画一的な官製技術に飽きたらぬ農家の心をとらえたからでもあった。

〈植物の生長には週期がある。週期に応じて施肥や剪定などの栽培管理はなされるべきで、画一的な肥料・農薬の多投は避けるべき〉

という彼の説は、今聞けばそれほど異説と思えないが、当時はかなり異端視されたようだ。

だがそんな中でも、門下生たちは栄養週期理論に共感し、その実践の場としての「巨峰」栽培を手がけていった。閉鎖的というそしりがないわけではないが、品質管理を徹底し、農産品の付加価値を高めていこうと思えば、これは欠かせない戦略だったかもしれない。最近は差別化がごく普通の販売戦略になっているが、巨峰会は早くからそれを地でいっていたのだろう。

「巨峰」といい、栄養週期理論といい、大井上の技術はいつも農家の技術力・向学心を前提にこれを伸ばすようにできていた。これからの技術のあり方を考える上で、示唆に富む話である。

昭和27年(1952)、大井上は今日の「巨峰」の栄光をみることなく、亡くなった。享年60。「何よりもたしかなものは事実である」という彼の言葉がたしかに証明される以前の、早すぎる死であった。

高橋米太郎の東京ウド

高橋米太郎

1900
〜
1982

日本独自の野菜

大正末に東北帝国大学で教鞭をとったドイツ人植物学者モーリッシュの『大正ニッポン観察記』（草思社）によると、当時の日本は「果物小国・野菜大国」であったという。果物は種類・品種が少なく、おいしい果物が食べられないが、野菜は豊富で、「われわれ西洋人よりずっとたくさんの植物を食卓の友としている」とある。

もちろん今は果物でも大国だが、野菜大国は変わらない。彼が感心した野菜をあげるとショウガ・タケノコ・ゴボウなど。それにウドである。

ウドはもともとアジア大陸から日本列島にかけて自生する植物だが、野菜として食べるのは日本人だけらしい。栽培の起源は大化改新ころといわれる。
江戸時代に出た宮崎安貞《みやざきあんてい》の『農業全書』にもウドは登場していて、意訳すれば、「貴賤を問わず好んで食べるので、都近くや城下町など大都市周辺でつくるとよい」とある。このころになると近郊野菜として各地で栽培されていたのだろう。

安貞がいうとおり、幕末以降、東京でも旧豊多摩郡・北多摩郡で栽培が多かった。当時は「もやしウド」といわれ、春に苗を植え、あらかじめ養成した根株を、晩秋に落葉や稲わらを踏み込んだ深溝に伏植え（岡伏せ）する。上部を細土や麦稈《ばっかん》で覆い、盛土する。厳冬には薦《こも》をかぶせる。今ではちょっと想像もつかないが、「ウド焼き」といって脇溝で籾殻を燃やして温めたりもした。

太平洋戦争のさなか、このウド栽培に革命が起きた。なんと、日の当たらぬ地下の穴蔵でウドをつくろうというのである。昭和18年（１９４３）、武蔵野市の農家高橋米太郎《たかはしよねたろう》が考案した「穴蔵軟化栽培《あなぐらなんかさいばい》」がそれであった。

「穴蔵軟化栽培」に挑戦

東京の郊外、ＪＲ中央線武蔵境駅から歩いて10分ほどの、今では空堀と化した玉川上水に、「うどばし」という橋がかかっている。橋のたもとには記念碑が立ち、つぎの碑文が刻まれていた。

「今から一八〇年位前より、この土地の人々は落葉の温熱で軟化独活（なんかうど）を栽培して生活していた。近年栽培法がいろいろと改良されて早期に大量出荷され、全国に東京独活特産地として有名になった。このたび由緒ある玉川上水への橋をかけるにあたって、特産地の名をとどめるため独活橋と命名されたものである」

「うどばし」の名はこの橋の近くで農業を営む高橋米太郎の発案によるといわれる。じつはこの高橋こそが、特産東京ウドの今日の名声のきっかけをつくった「穴蔵軟化栽培」の育ての親であった。

高橋は明治33年（1900）の生まれ。彼が穴蔵軟化栽培を思い立ったのは昭和18年（1943）、ちょうど太平洋戦争が激しさを増した時期であった。食料難のため、周囲の人たちはつぎつぎウド栽培から手を引いていったというのに、彼だけは逆に研究心を燃えたぎらせ、この新しい栽培法の開発に挑んでいった。

〈もっと早取りができ、手間のかからぬ方法はないだろうか〉

高橋が目をつけたのは、庭の穴蔵だった。関東ロームの武蔵野では、どの農家にも桑の葉や種イモを貯蔵する穴蔵がある。真っ暗で、年中16～17度のこの穴蔵は、ウドの軟化には絶好の環境だった。戦争はますますきびしくなっていったが、そんな中でも彼の挑戦は続けられていった。

他の農家も穴蔵軟化ウドを試作

「ウド穴蔵軟化栽培法」を完成したのは高橋米太郎だが、そのすべてを彼の独創とするのは公平でない。東京ウドの歴史に詳しい東京うど生産組合連合会刊『東京うど物語』によると、すでに昭和2年（1927）、小金井村（現在の小金井市）の農家高杉景明がサツマイモの貯蔵穴を使って穴蔵軟化ウドを試作している。ほかにも高橋と同じころ試作をしていた農家はいたようだ。

穴蔵軟化ウドの故郷となった武蔵野

玉川上水にかかるうどばし

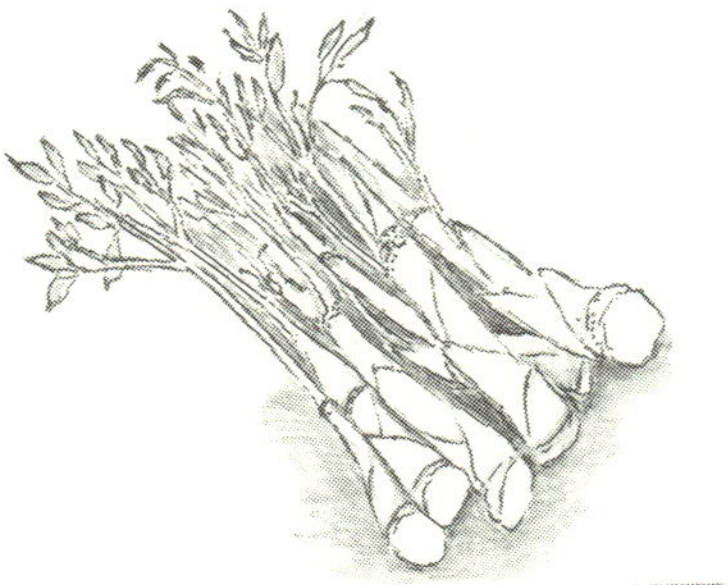
穴蔵軟化ウドは東京の特産品

高橋の研究は人目を避け、密かに行われた。なにしろ戦時中のことである。「戦争に勝ったら、きっと祝勝会が続き、ウドが売れる」というのが、彼のもくろみだった。もくろみは見事にはずれたが、ウドの売れる日は予想どおりやってきた。

昭和23年（1948）、彼は自宅の庭に新たに穴蔵を掘り、本格的な研究に着手する。前途には多くの難問が待ち受けていた。ウドの生育適温は20度だが、穴蔵を温めるため堆肥や練炭を持ち込むと、メタン発生や酸欠で苗が腐ってしまう。なによりかんじんな作業者の生命にもかかわるため、換気には細心の注意が必要だった。ウドはまた生長の際、多量の水を必要とする。暗くて窮屈な穴蔵内での灌水をどうするかなどなど。彼の試行錯誤は続けられていった。

高橋の穴蔵軟化ウドが神田市場にはじめて出荷されたのは、昭和26年（1951）の1月のことであった。それまでの岡伏せものに比べ、1か月以上も早い出荷であった。朝一番の列車で神田市場まで一緒にウドを担いでいった子息の正二さんの思い出話によると、「3貫（約11キロ）が3000円に売れた」という。当時の米60キロの価格は3000円弱だから、これに匹敵する高値であった。

東京ウドの名声を高めて

「穴蔵軟化栽培」を完成させた高橋米太郎だが、彼のウドにかける情熱はとどまるところを知らなかった。

親子が1週間以上かけて掘った穴蔵内部

昭和27年（1952）に米太郎の親戚高橋遼吉《たかはしりょうきち》が根株を高冷地に送る委託栽培をはじめると、翌年から米太郎もこれに協力、群馬県嬬恋《つまごい》村で委託栽培を開始している。最近は高冷地の低温を利用して生育を促進し、出荷時期を早める栽培法が各種の野菜・花などでみられるが、彼らはそれを全国に先がけて実行したわけである。

そんな高橋ら栽培農家の熱意がみのったのだろう。東京都のウド生産は昭和30年代後半から急伸し、最盛期の40年代後半には3000トンを上回り、全国1位、全国生産の4割以上を占めるほどであった。最近はさすがに後発の他県に押されて生産量が400トンを割り、全国4位に後退したが、東京ウドの名声は今も衰えることはない。

高橋米太郎は昭和35年（1960）に「軟白野菜促成穴蔵」で実用新案を取得。その後もウドの栽培法改善などに尽力したが、57年（1982）81歳で生涯を終えた。

もう5～6年前になるが、「うどばし」に

近い武蔵野市の高橋家を訪ねてみた。父米太郎を助け、ウドの穴蔵軟化栽培の完成に貢献したという、子息の高橋正二さんに思い出話をうかがった後、穴蔵をのぞかせてもらった。

親子が1週間以上かけて掘ったという穴蔵は、自宅のすぐ前の庭にあった。井戸のように真っ直ぐ掘り下げた立て穴を梯子《はしご》づたいに3～4メートル降りると、四方に軟化室が延びている。正二さんがかざす照明の中に林立した真っ白なウドは、さながら朝もやにかすむ白樺林のような幻想的な風景であった。

第3部

果肉が厚くやわらかい「南高」ウメ

関野のキュウリ「落合節成」と

熊澤三郎

出陣学徒から預かった秘蔵種子

東京農工大学の松本正雄《まつもとまさお》名誉教授にうかがった話から、この話をはじめたい。

太平洋戦争が激しさを増した昭和18年（1943）。当時、松本先生がいた神奈川県二宮《にのみや》町の農林省園芸試験場種苗育成地に、「関野《せきの》」と名のる学生がキュウリの種子を持ってあらわれた。戦時中の交通事情の悪い中、埼玉県与野《よの》町（現在のさいたま市）から持参したこの種子は有名な「落合節成《おちあいふしなり》」であった。

関野の「落合節成」といえば、当時有名な早出し春キュウリの品種である。病気や低温に強く、早熟栽培から促成・半促成栽培までの作期に適し、地域適応性も高いため、昭和10年（1

935）ころを最盛期に全国各地で広く栽培されていた。

折しも戦況が悪化し、若者がつぎつぎに戦地に送り込まれた時期である。いったん戦地におもむけば、生還は期しがたい時代のこと。関野家でもすでに兄たちは兵隊にとられ、学生の彼にも召集の日が迫っていた。

人手がなければ、伝来の秘蔵品種も維持できない。そこでこの貴重な品種の散逸をおそれ、保管を国に依頼するため持参したのだという。種子を受けとったのは、この育成地の主任熊澤《くまざわ》三郎《さぶろう》であった。

松本先生の話はここまでだが、過日、この話を関野家の一人関野昭二さんにしたところ、「種苗育成地に種子を運んだというのは初耳だが、状況からみて、それは兄の関野廣曄《せきのこうよう》でしょう」とのことだった。

廣曄は当時20歳、法政大学で地歴を勉学中の学生だった。彼はまもなく学徒出陣で戦場におもむき、翌昭和19年（1944）、台湾で米軍機の攻撃を受け、戦死している。この種子は図らずも短かった彼の生涯の形見になってしまった。

黒いぼの節成性春キュウリ

ここで関野家が育成したキュウリ「落合節成」の誕生秘話に触れておこう。

「落合節成」は明治末か大正のはじめに、埼玉県北足立郡落合村（現在のさいたま市）の農家関野茂七《もしち》が育成したと伝えられる。茂七は種苗育成地に種子を持参した廣曄の祖父に当たった。もっとも関野家の伝承では廣曄の父関野茂一《もいち》が真の育成者であるとのこと。東京の市場で、良質・早熟の「青節成」をみた茂一がこの品種に惚れ込み、その足で種子を購入、地元の在来種「針ヶ谷」とかけ合わせたという。当時、村会議員で知名人だった茂七を育成者としたというのが、真相のようだ。

「落合節成」はその後、早晩生、果実の形、節成性で1~3号に分けられた。品種名は育成地の落合村にちなんだもので、「落合」「関野落合」とも呼ばれた。いわゆる黒いぼキュウリで、果実は細身で肉質がしまり、輸送に耐える。苗づくりが容易で、生育は旺盛強健、低温にも強かった。節成性の高い春キュウリで、適応地域が広く、昭和10年代には全国各地で広く栽培されていた。

廣曄が種苗育成地に預ける前にも、この品種から分離された品種は多い。昭和3年（1928）、埼玉県農事試験場から世に出た「埼落《さきらく》」、10年（1935）に宮崎県農事試験場が選抜した「日向2号」などはいずれも「落合節成」から系統分離された品種だった。

東京からJR京浜東北線で北へ30分、与野駅のすぐ西側の、今ではすっかり市街地と化した一帯が、かつて関野家のキュウリ畑があった所といわれる。戦場におもむく廣曄が園芸試験場種苗育成地に届けた「落合節成」は、ここで採種されたに違いない。

種子を受け取った「野菜の神様」

「預けた以上、日本農業のためにぜひ役立ててほしい」

関野廣曄から貴重な「落合節成」の種子を受けとったのは、当時神奈川県二宮町にあった園芸試験場種苗育成地主任の熊澤三郎《くまざわさぶろう》であった。

廣曄はどこまで知っていたか知らないが、熊澤はわが国農業史に今も語り継がれる野菜研究の大家である。後年、九州農業試験場長・長崎県総合農林センター場長を歴任、「野菜の神様」

種苗育成地跡の果樹公園（神奈川県二宮町）

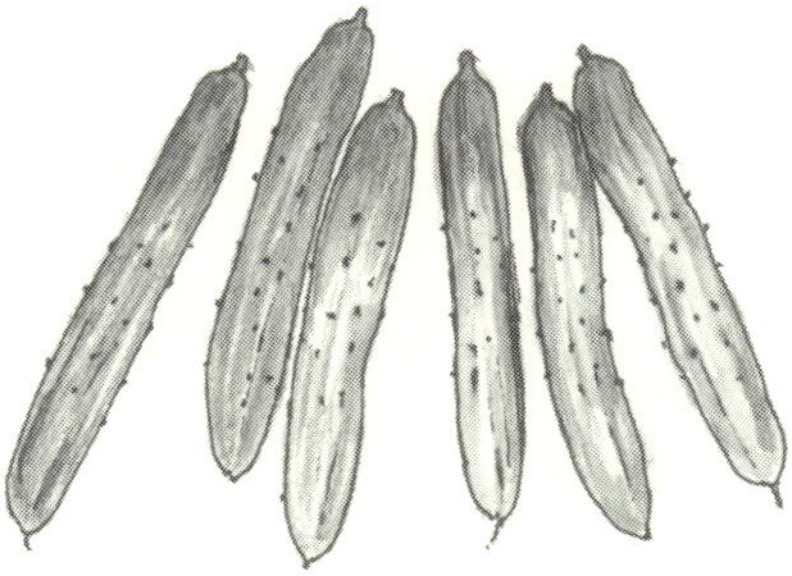

果実は細身で肉質がしまり、生育は旺盛強健

九州農業試験場園芸部（福岡県久留米市）

といわれた。当時「熊澤天皇」と呼ばれ畏敬された彼のことを、まだ記憶にとどめている人は多いだろう。

熊澤は生涯に多くの野菜品種を育成している。とくに彼が情熱を傾けたのはキュウリの品種改良で、節成性を導入した〈四季成りキュウリ〉の育成に力を注いでいた。

じつは「落合節成」は春キュウリで、夏以降の栽培には向かない。日が長くなると、雌花のつきが悪くなってしまう。熊澤はこれに夏キュウリを交配、「落合節成」の節成性を活かした夏キュウリづくりを考えていた。廣曄がもちこんだ「落合節成」は、そんな熊澤にとって、絶好の材料だったのである。

熊澤については、長崎県農業試験場で彼の部下だった月川雅夫氏の著書『野菜つくりの昭和史―熊澤三郎のまいた種子―』(養賢堂)にくわしい。以下、この書も参考に話を進めたい。

熊澤は長崎県御厨《みくりや》村(現在の松浦市)の生まれ。大学で育種学を専攻、卒業すると農林省園芸試験場に進み、大阪府や台湾の試験場で野菜研究に従事している。昭和7年(1932)に、大阪府農事試験場で彼が育成したキュウリ「2号毛馬《けま》」は、1代雑種野菜のはしりといわれる歴史的な品種であった。

作型に応じた品種改良

東海道本線の二宮駅から北へ徒歩で5分ほど。現在、「果樹公園」になっている辺りが熊澤三郎がいた農林省園芸試験場種苗育成地のあった所である。

敗戦直後の昭和21年（１９４６）、この育成地で「落合節成」の節成性を導入した夏キュウリづくりが開始された。種苗育成地はまもなく廃止され、熊澤は園芸試験場九州支場長として福岡県久留米《くるめ》市に移るが、仕事はそこでも継続された。

ここでキュウリの品種分類に触れておこう。

わが国のキュウリは渡来経路から華南系と華北系に大別される。「落合節成」は華南系に属し、短日性で早熟栽培に適するため、春キュウリといわれた。いっぽう夏キュウリは華北系に属する。

熊澤は華南系の「落合節成」を華北系夏キュウリの「四葉《すうよう》」「満州秋《まんしゅうあき》」と交配、節成性にすぐれた夏キュウリづくりをねらったのである。ちなみに「四葉」「満州秋」も熊澤が中国から収集した生育旺盛な夏キュウリ品種である。

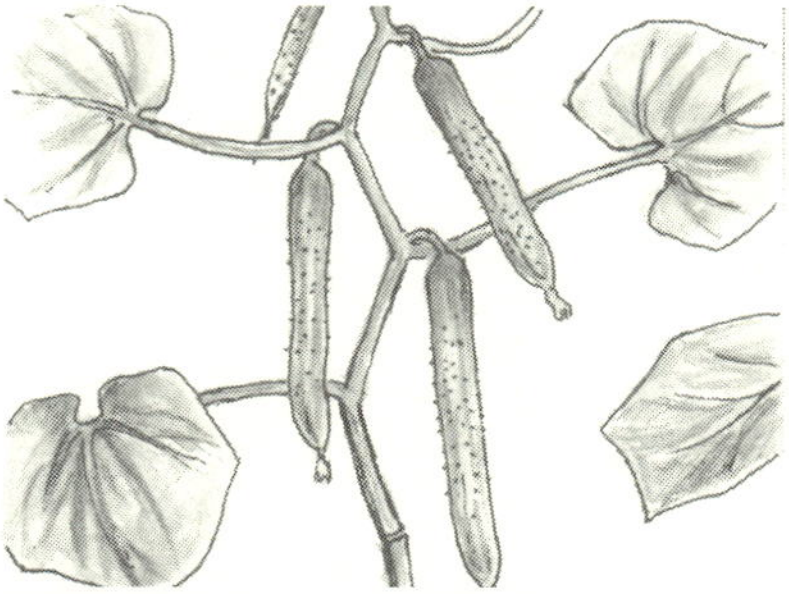

生育旺盛な夏キュウリ「夏節成」を育成

ヒラドツツジの研究と保存にも奔走

昭和29年（1954）、熊澤の夢は叶えられる。この年、九州農業試験場園芸部（九州支場の後身）が（落合1号×四葉）×（四葉×満州秋）の後代から「夏節成《なつあきなり》」を育成した。「夏節成」は1代雑種の母系統として育成された品種で、ほぼ完全な節成性をもつ。強健で果実の肉質もよく、以後の品種改良に大きな役割を果たした。現在のわが国キュウリのほとんどがこの「落合節成」「夏節成」の流れを汲む。日本産キュウリが果形や果色に「落合節成」の面影を残しているといわれるのはそのせいである。

「日本農業に役立てて欲しい」という関野廣曄の希望は達成されたといえるだろう。

「論文は土に書け」

「論文は土に書け」というのが、「野菜の神様」熊澤三郎の口癖だった。彼はいつも地下足袋姿で若い研究者の陣頭に立ち、農作業に汗していた。彼が身をもって教えたのは、〈農家とともに歩む研究者〉の生き様だった。

熊澤の足跡は、野菜研究の至るところに印されている。特筆したいのは、彼が早くから野菜の遺伝資源を重視していたことである。戦前から野菜の宝庫である台湾・中国大陸に目をつけ、その調査・収集に当たっている。彼が収集したキュウリの「四葉」「満州秋」、ダイコンの「衛青《えいちん》」、ホウレンソウの「禹城《うじょう》」、サトイモの「烏播《うーはん》」などは、いずれも戦後の野菜品種改良に大きな力となった。

熊澤が収集した野菜は国内外で30種、延べ２００品種におよぶ。彼はこれを栽培・利用の両面から、豆類・ウリ類・塊根類・直根類など10群に分類した。この分類法は今日でも大筋において変わっていない。

熊澤の業績で評価が高いのは、「作型《さくがた》」の概念を明確にし、その生態に応じた品種改良を提唱したことである。年中、生野菜が求められるわが国では、周年供給のため、春播き〜冬播き、促成〜抑制といった多様な作型が必要になる。彼はその作型それぞれの品種生態に着目、これに応じた品種改良に力を注いだ。「夏節成」はその成果でもあった。

長崎県平戸市のヒラドツツジ公園には、熊澤の胸像が置かれている。もともとは熊澤を慕う農家が久留米の園芸部構内に建てたものが、後にここに移された。晩年、郷里の平戸に帰り、ヒラドツツジの研究と保存に奔走した彼の遺徳を慕う人びとに乞われて移したとのこと。いつも農家とともに生きた人だが、昭和54年（１９７９）に亡くなった。

田中稔と
水稲「藤坂5号」

田中 稔

1902
〜
1993

「ヤマセ」の常襲地に赴任

もうなくなってしまったようだが、わたしが訪ねたころ、当時の青森県農業試験場（現在の農林総合研究センター、黒石市）には、「田中稔《たなかみのる》記念館」が併設されていた。「稲作資料館」でもあった2階建てのこの建物は、昭和46年（1971）、前年までこの試験場の場長であった田中稔を慕う人びとの浄財で建設された。館内には青森県稲作史を語る数々の資料と、田中ゆかりの品々が展示されていた。

後に「青森県稲作の父」といわれた田中稔がはじめて青森県の土を踏んだのは、昭和10年（1935）、33歳のときであった。もっとも彼が赴任したのは、この黒石の試験場本場ではない。本場から遠く離れた新設の藤坂試験地（現在の藤坂稲作研究部）だった。

昭和10年といえば、ちょうど東北地方に記録的な冷害が頻発した時期である。農林省はこの年、冷害対策研究を強化するため「凶作防止試験地」を東北各県に設置した。彼はその一つ、藤坂村（現在の十和田市）に設けられた藤坂試験地に赴任したのであった。

藤坂は青森県東部に位置し、冷たい偏東風「ヤマセ」の常襲地帯にある。そのうえ試験地周辺は常時12度という冷水が湧き出る場所でもあった。設立当初は電気もつかず、施設らしいものはなにもなかった。田中はこの試験地に創設から18年間勤務し、この不良環境を最大の武器に、「藤坂５号」「トワダ」など多くの優良品種を育成していった。

今では寒冷地稲作研究のメッカといわれ、全国の稲作研究者から高い評価を受けている藤坂試験地は、この田中稔の赴任とともに動き出したのであった。

耐冷性の早生多収品種

太平洋戦争で打ちひしがれたわが国稲作が戦後速やかに復活できたのは、一つには「保温折衷苗代」で健苗早植えが可能になったこと。二つにはこれにマッチした寒冷地向け早生多収品種が育成されたことにあると、わたしは思っている。水稲「藤坂５号」はその耐冷性早生多収品種の先駆といってよい。

「藤坂５号」は昭和14年（１９３９）に、農林省農事試験場盛岡小麦試験地で交配された。小麦試験地で交配と聞くと奇異に感じるだろうが、当時、交配は国が受け持つことに決まっていた。「藤坂5号」の両親は「双葉《ふたば》」と「善石早生《ぜんごくわせ》」である。ちなみに「双葉」は愛知県農業試験場で岩槻信治が育成したイモチ病に強い品種。「善石早生」は山形県東田川郡新堀村（現在の酒田市）の農家伊藤石蔵がつくった耐冷性品種である。その雑種第4代が藤坂に届いたのは昭和18年（1943）のことであった。

後に「藤坂5号」と名づけられたこの品種の選抜が進められた期間は太平洋戦争の敗戦～戦後の混乱期で、日本中が奈落の底であえいでいた時期に重なる。職員の多くが戦争にとられ、また食うために去り、もともと9名の定員が最後は2人にまでなってしまった。

「あのころは毎日24時間勤務で、200％の仕事をした」と、田中は述懐している。品種改良はそんな環境の中でも粛々と進められていった。

田中がねらったのは、寒冷地向けの早生多収品種だった。「寒冷地で早生・多収の品種をつくるのは、軽量で強い相撲とりを育てるぐらいむずかしい」と、田中はよくいっていた。そんなむずかしい品種づくりにみごと成功したのが、「藤坂5号」だった。

内閣総理大臣賞を受賞

「品種改良には金メダルしかない。1位があっても、2位、3位はない」

というのが、田中稔の育種哲学だった。奇跡の品種は、この強い育種姿勢があってはじめて生まれたものであった。

昭和24年（１９４９）、「藤坂５号」は青森県の奨励品種に採用され、普及に移された。最初は短稈《たんかん》・少けつで初期生育が貧弱なため、農家には敬遠されたらしい。だが出穂すると、穂が大きくて、登熟もよかった。多肥にすると、びっくりするほど多収になった。

こうなれば、種籾を求めて農家が殺到する。昭和27年（１９５２）には、早くも県内で栽培面積1万ヘクタールを超え、最盛期の32年（１９５７）には、全国で６万６０００ヘクタールに達した。

「藤坂５号」が威力を発揮したのは、昭和28〜29年（１９５３〜５４）に東北を襲った大冷害の時である。昭和10年以来といわれるこの大冷害にも、「藤坂５号」を栽培した農家は被害軽微であった。田中はこの功で、「内閣総理大臣賞」を受賞している。

田中が藤坂試験地で育成したのは「藤坂５号」だけではない。昭和17年（１９４２）から23年（１９４８）にかけて世に出た「藤坂１〜４号」、27年（１９５２）育成の「ハッコウダ」、30年（１９５５）の「トワダ」と「オイラセ」も、彼が手塩にかけた品種である。中でも「トワダ」は、最高時の全国栽培面積９万２０００ヘクタールで、「藤坂５号」をしのいでいる。

「藤坂５号」は育種母本としてもすぐれていた。藤坂試験地で、田中の後任鳥山國士《とりやまくにお》らが育成した「フジミノリ」はこの品種を片親にもつが、昭和42〜44年（１９６７〜６９）の間、全国作付け面積第1位を占め、東北を中心に最高21万４０００ヘクタールが栽培されている。

試験場と農家の結びつきを強固に

昭和28年（１９５３）、田中稔は青森農業試験場長に就任した。ここから彼は青森県農業のすべての技術開発に責任を負うことになった。

試験場長として、彼が最初に取り組んだ仕事は試験場と農家の結びつきを強めることであった。農家と試験場の交流の場としての「農事懇談会」を開き、また県内各地に耕種改善試験地を設けている。

彼が陣頭指揮をとった仕事に、当時青森県農試全体が力を入れていた「水稲深層追肥栽培」の普及がある。「深層追肥」とは、多収を目的とする施肥法で、固型や液状の窒素肥料を、出穂前35日ころに株間中央・深さ10～15センチの土中に貫注する。

青森県の「深層追肥」は昭和36年（１９６１）から奨励され、40年代の前半には全県の３分の1に普及、県単収の向上に大きく貢献した。従来は基肥のほか、数回に分けて地表に追肥をしていたのである。

このころになると品種は「フジミノリ」「レイメイ」に変わっていたが、〈後まさり型〉のこれら短稈穂重型品種にマッチした深層追肥によって、収量は飛躍的に向上し、最盛期の昭和45年（１９７０）には、県内水田の62・８％にまで普及している。残念ながら、まもなく米余りの時代が到来し、下火になってしまったが。

その昭和45年に、田中は青森県農業試験場長を最後に退職した。だが、彼の稲作への情熱はその後も尽きることがなかった。退職後は、毎年のように中国に出向き、中国東北地方の稲作改善に力を尽くした。日中農業・農民交流は、退職後の彼がもっとも力を入れた仕事であった。

優良農家や技術者を今も表彰

「藤坂には、お寺のように『檀家』がついている」

わたしが稲作研究に従事していたころ、田中稔はすでに藤坂にはいなかったが、研究者仲間

かつての田中稔記念館（青森県黒石市）

八甲田山を背にした藤坂試験地

冷害研究資料館（青森県十和田市）

はよくこういってうらやんだものである。

藤坂には農家はもちろん、普及員や農協職員、学校の先生まで、多くの人が田中を慕って試験場に集まっていた。その応援団が受け継がれて「檀家」といわれていたのだが、その伝統は今の藤坂にも脈々と受け継がれているに違いない。

田中ほど、農家とのつながりを大事にしてきた研究者はいない。彼が試験場長になって、最初に設立に関与した「青森県農事懇談会」は、ごく最近解散になったようだが、最盛期には4000人を超える会員を擁していた。この会が月1回発行した『青森農業新聞』は、1600号近くまで続き、農家と試験場との連繋に大きな役割を果たした。

田中ほど、農家に慕われた研究者も少ない。彼が退職後に設立された「田中稔稲作顕彰会」は今も活動していて、毎年、県内の優良農家や技術者を表彰しつづけている。

平成5年（1993）、田中は仙台市で不帰の人となった。享年90。最期の言葉は、「暗くなるから閉めないでくれ」であったという。彼の眠りを妨げぬよう、カーテンを閉める奥さんにいった言葉だそうだが、なぜか日本農業の将来を案じていった言葉のようにも聞こえてならない。

「田中記念館」は閉鎖されたが、彼が遺した貴重な資料は藤坂稲作研究部「冷害研究資料館」に移され、今も来訪者の閲覧に供されている。田中の志は今後も青森県の農家や研究者に受け継がれていくに違いない。

園芸試験場東北支場とリンゴ「ふじ」

樹齢130年のリンゴ老樹

岩木山がよく見える秋晴れの日、青森県旧柏村（現在のつがる市）に、樹齢130年を越す長寿リンゴを訪ねた。明治11年（1878）に精農古坂乙吉《こさかおときち》が植えた「紅絞《べにしぼり》」2本と「祝《いわい》」1本の長寿リンゴは今も健在。「祝」はすでに収穫済みだったが、「紅絞」は枝いっぱいに赤い実をつけていた。

幹の太さは大人二人でも抱えきれないほど。現在は乙吉の玄孫《やしゃご》古坂徳夫さんが管理しているが、気を使うのは台風と病害とのこと。剪定は普通の樹なら1日6本をこなせるのに、この3本には4日半を要するという。乙吉以来5代にわたるリンゴ農家の精進が、この樹に集積され

樹齢130年を越す長寿リンゴ（青森県つがる市）

ているのだろう。

わが国のリンゴ栽培は明治4年（1871）、東京青山に開設された北海道開拓使官園がアメリカから75種のリンゴ苗木を導入、増殖・配布したことにはじまる。

大蔵省勧業寮（現在の農林水産省）でも、内藤新宿試験場（現在の新宿御苑）で増殖した2万本の苗木を明治8年（1875）から全国に配布した。柏の長寿リンゴはこの時配布された苗木と思われる。

ところで幕末にアメリカから送られてきたリンゴをはじめて食べた日本人の一人、幕府開成所の田中芳男《たなかよしお》はこの時のことを、「こんなにおいしいものが世の中にあるのか」と、驚嘆したと述べている。在来のちっぽけで、酸っぱい和リンゴしか食べていなかった日本人にとって、これは驚嘆の味だったに違いない。

だが、それから1世紀半。その驚嘆した日本人が、今や世界中の人びとに絶賛されるリンゴをつくるまでになった。良食味品種「ふじ」が、それである。

両親は「国光」と「デリシャス」

青森県藤崎町はリンゴ「ふじ」の故郷である。長寿リンゴの里・旧柏村から車で20分、津軽平野の中央に位置し、岩木山をはるかに望む静かな町だった。

「ふじ」は昭和14年（1939）、当時この町にあった農林省園芸試験場東北支場で生を受けた。東北支場が設立されたのは13年（1938）だから、翌年には交配されたことになる。両親は「国光《こっこう》」と「デリシャス」で、交配は初代支場長の新津宏《にいずひろし》らが行った。折しもノモンハン事件が勃発、日中戦争がきびしさを増した時期である。米の統制がはじまり、「ぜいたくは敵だ」の標語が街に溢れていた。

だがそんな時代にもかかわらず、交配したのはこの組み合わせだけではない。新津らはこの年から3年の間に、18品種を親とする42組み合わせの交配を行い、なんと4656個体の交配実生を生み出している。「ふじ」はこの途方もない宝探しの、最後に選び出された珠玉の一品だった。

リンゴの品種改良は交配からはじまり、交配実生の養成の後、実生段階での生育や耐病性、果実の形状や食味、最後に貯蔵性の調査と続く。いうまでもないことだが、こうした労力を要する研究をあの太平洋戦争のさなかから戦後にかけて行うのは、容易なことではなかった。研究者はつぎつぎ兵隊にとられ、「この食料難時代にリンゴなど」と白眼視されることも多かった。最後まで研究が継続できたのは、残された研究員たちの献身的な努力と、これを温かく見守ってくれた周囲の農家の励ましがあったからである。

彼らが汗した東北支場は現在弘前大学の農場に変わっているが、わずかに正門から続く老杉並木だけが往時の面影を残している。

たどり着いた最後の1個体

青森県藤崎町にあった園芸試験場東北支場で、さんざん苦労して育てた「国光」×「デリシャス」の交配実生596本が実をつけはじめたのは、昭和26年（1951）ころからだった。ここからは果実の形状や着色、それに食味についての選抜が続けられていった。

リンゴの味覚テストといえば、「おいしいリンゴがたくさん食べられていい」と思うかも知れない。ところがどうして。多数の系統の中には、酸味の強いものから異臭を発するものまで、さまざまなものがあった。研究員には一日一人当たり30個の割当てがあったそうだが、それが大変な苦行だった。午前中はなんとか調査も進むが、午後になるとお腹《なか》がおかしくなり、我慢も限界に達したとか。「ふじ」

はこうした苦労の末、たどり着いた最後の1個体であった。

後に「ふじ」と命名された系統ロ―628が初結実したのは昭和26年のことである。そのおいしさが注目されるようになったのは、30年（1955）秋のこと。ジューシーで、食味佳良、肉質は緻密で、香りもさわやか。この系統に巡り会った時の感動を発見者の定盛《さだもり》昌助《しょうすけ》は、「正直いって、俺はなんて悪運の強い奴だろうと、我が身を疑った」と述べている。

うれしさのあまり出た裏返し表現だろうが、その瞬間、彼の脳裏にはこれまでこの実生を守り育ててくれた大勢の先輩や仲間たちの顔がよぎったのだろう。品種改良、わけても果樹の品

岩木山を望むりんご園（青森県藤崎町）

「ふじ」は食味佳良、香りもさわやか

大樹冠を拡げている原樹（岩手県盛岡市）

種改良は大勢の研究者の長い時間軸のチームプレーだからである。
それまで外国品種にゆだねられてきたわが国リンゴ産業が、はじめて頼りになる国産品種を得たのはこの時であった。

「猿でもわかるおいしさ」と説得

リンゴの「ふじ」が世に出たのは昭和37年（1962）。この系統が有望視されてわずか7年後のことであった。普通、試験場の育成品種では、選抜後各地の試験地に配布され、地域適性や病虫害耐性が精査される。「ふじ」はそれを短期間ですませた。当時の東北農業試験場園芸部（東北支場が改組）森英男《もりひでお》部長らの熱心な売り込みがあったからである。

昭和30年代後半といえば、選択的拡大の時代。ところがリンゴだけは明治以来の「国光」「紅玉《こうぎょく》」のままで、消費者に飽きられていた。「一刻も早く、おいしい新品種を」というのが、彼らの願いだった。

「ふじ」はしかし、最初なかなか普及しなかった。美味で果汁が多く、日持ちもよいのだが、色づきの悪いのが欠点。「外観が悪くて、売り物にならんのでは」と、尻込みする農家も多かった。

こんな話が伝えられている。「ふじ」の普及がはかばかしくないのに業を煮やした某県の研究者が公園に来る野生猿に「ふじ」と「国光」を比較給餌した。ところが一度「ふじ」を口にした猿は、その後も「国光」に手を出さない。「猿でもわかるおいしさ」と、農家を説得したという。

「ふじ」が普及しはじめたのは、昭和40年代後半から。ちょうど消費者のグルメ志向が目だちはじめた時期である。輸入果物に対抗し、農家も品種更新を急ぐようになった。ここからの「ふじ」は不況にあえぐリンゴ産業の救世主になっていった。

平成15年（2003）現在、わが国のリンゴ結果樹面積は4万2000ヘクタール、その50％の2万1000ヘクタールを「ふじ」が占める。その名のとおり、日本一の「ふじ」である。

樹齢70年の大樹冠

「ふじ」の名は誕生地の園芸試験場東北支場のあった藤崎町と、富士山のように日本一になって欲しいとの願いをこめたもの。世界への飛躍を見据えた命名でもあった。

「ふじ」の原樹は、今では（独法）果樹研究所リンゴ研究拠点（盛岡市）に移され、樹齢70年の大樹冠を拡げている。この1本から増えていった無数の樹々が、国内はおろか、海外でもおいしい実をつけているわけだ。原樹には、今もお賽銭やお神酒をあげていく人が絶えないという。この品種の恩恵を受けた農家の謝意がこめられているのだろう。

「ふじ」はリンゴのワールド・チャンピオンである。平成13年（2001）現在、「ふじ」の世界総生産量は1172万トン、約20％のシェアを占める。もっとも多いのは中国だが、韓国でも6割、日系移民が持ち込んだブラジルでは5割が「ふじ」である。その他、南米・南アフリカでも栽培が多い。アメリカでも急増、「自動車に続く技術侵略」と騒がれたほどだ。「ふじ」の両親、「国光」「デリシャス」はもともとアメリカの品種なのだから、相撲でいえば恩返しのはずなのだが。「フジヤマと芸者」という言葉もあるが、今では「フジヤマとふじ」のほうが通るかもしれない。

果樹試験場の場合、品種の育成者を特定するのはむずかしい。激動の4半世紀、「ふじ」の育成にかかわった人は前述の新津宏・定盛昌助・森英男のほか30名に及ぶ。あの戦中・戦後の苦難の時代を耐え、これを乗りきることができたのは、先輩から後輩へと受け継がれた育種家の気概だったのだろう。

それにしても戦時中の空腹の時代に生を受けた「ふじ」が、70年後、世界の食卓を賑わすとは……。品種改良とは奥の深い仕事である。

南部川村の「南高」ウメ

母樹探しのきっかけ

和歌山県は全国一のウメの生産県である。なかでも有名な「日本一のウメの里」日高郡南部《みなべ》川《がわ》村（現在のみなべ町）を訪ねてみた。この村が育成したウメの大品種「南高《なんこう》」の母樹をみたいと思ったからである。

「南高」の母樹はみなべ農協（現在のＪＡみなべいなみ）本所にあった。わたしがお邪魔したのは夏で、もちろん実はなっていなかったが、樹齢80年になんなんとする樹は青々と葉を茂らせていた。

ウメの「南高」は昭和30年（１９５５）に、旧南部川村で世に出た。この品種が世に出るに至った背景には、南部川村の村をあげての品種づくりがあった。ここからその、わが国農業技術史にもめずらしい、〈村ぐるみの品種づくり〉の経緯について述べてみよう。

昭和25年（1950）といえば、戦後の食料難も一段落し、日本中の農業がそろそろ明日に向かって動きはじめた時期である。この時期、南部川村に「梅優良母樹調査選定委員会」という奇妙な名前の委員会が発足した。

発起人は当時の上南部農協の谷本勘蔵《たにもとかんぞう》組合長と農業共済の糸川國太郎《いとかわくにたろう》組合長であった。

もともとこの地方は江戸時代からのウメの産地である。だがその歴史が逆に災いして、当時は実生育ちの樹が多く、品質の統一性に欠けていた。ちょうど戦後の混乱も治まり、日本中が農業の再建に燃えていた時期である。

〈不揃いな実生樹のウメでは、これからの競争時代を生き抜けない。優良母樹を探して品種を統一し、新しい産地に生まれ変わろう〉

というのが、母樹探しのきっかけだった。実生樹園は不揃いだが、その分、優良樹が含まれている可能性も高い。村内の農家から有望なウメを出品してもらって、優良母樹を探し出そうというのが、委員会のもくろみだった。

高校生たちの綿密な調査

南部川村「梅優良母樹調査選定委員会」が動き出したのは、昭和25年のことである。さっそく村民に優良樹の推薦を呼びかけたところ、48点の自薦・他薦が寄せられた。調査の期間は5年間。ここで奮闘したのが選定委員長だった地元南部高校の竹中勝太郎《たけなかかつたろう》先生と同校園芸部の生徒たちだった。

竹中先生の回顧談によると、

「毎週土曜、日曜には山歩きをして、全村のウメ、一本一本を見て回った」

とある。

竹中先生と南部川高校の生徒たちが、いかに熱心に調査したかは、彼らが提出した報告書をみればよくわかる。昭和30年（1955）6月にまとめられた報告書「梅の優良母樹系統調査」をみせてもらったが、収量・品質・熟期・耐病性などの項目に、調査結果がびっしり書き込まれていた。こうした綿密な調査によって、母樹の絞り込みは着々と進められたのだろう。昭和26年（1951）は14点、27年には10点にと絞り込まれ、最後の昭和30年には7点を優良品種に認定することができた。最後に残ったのは、「白玉」「改良内田」「薬師」「地蔵」「青玉」「養青」、それに「南高」であった。

「南高」は、南部川村の農家小山貞一《こやまていいち》が出品したウメで、選定された7系統の中でも、最初からとくに評判が高かった。噂を聞きつけて、村のあちこちから穂木をもらいにくる人が後を絶たず、今ではこの地域のウメの7割が「南高」に換わったといわれる。

ちなみに「南高」という品種名は、調査に協力した南部高校の生徒たちの労に報いるべく、竹中が命名したものという。

最初の樹の持ち主

ところで、この南部川村の「南高」ウメ発掘の物語には、もう一つ伏線があった。この村の農家小山貞一の自伝『南高梅と共に歩んだ私の人生』（平成3年）によると、じつは彼が「母樹選定会」に出品したこのウメは、同村の高田貞楠から穂木を譲り受け、育ててきた梅園のウメであった。高田からこの貴重な穂木を譲り受けるには、つぎのようないきさつがあったという。

話は昭和6年（1931）にさかのぼる。当時、兵隊から帰って、農業を継いだばかりの小山は、ウメづくりに生涯をかけようと一大決心をする。早速、親戚筋のウメづくり名人高田が良い樹をもっていると聞き、訪ねてみた。そこで目をつけたのが、一本の実生樹であった。モモのような赤い大きな果実を、枝いっぱいに稔らせていたという。聞けば高田も、とくにこの樹を大切にしているらしい。

〈せっかくウメづくりに生涯をかけるのなら、こんなウメを育ててみたい〉と思い、ねだったところ、

「お前は年も若いし、将来ある男や。りっぱに育ててみろ」

と、60本もの穂木を快く分けてくれたという。

「南高」ウメの収穫期を迎える

コンテナいっぱいに収穫した「南高」。瑞々しく香り立つ

小山はこの穂木をもとに梅園をつくり、大切に育てた。そのウメが、選定委員会で「南高」と命名されたわけである。

「南高」は昭和40年（1965）に種苗登録された。登録者は最初の樹の持ち主の高田貞楠になっている。

JAみなべいなみ本所の庭にある「南高」の原樹は、小山が穂木をもらった因縁の樹で、高田の畑から移植されたものである。県内はもちろん、国内各地で栽培されている「南高」の一本一本が、この樹に起源をもつわけだ。

品種にふさわしい整枝・剪定

ふたたび、小山貞一の自伝『南高梅と共に歩んだ私の人生』から、もう一つ「南高」の発展を支えた物語を追加しておきたい。

「南高」が種苗登録になる前年のこと。南部川村の小山の梅園を、当時の農林省園芸試験場梶《かじ》浦實《うらみのる》場長が訪れた。予備審査のためである。梶浦といえば、今も語り継がれる果樹園芸界の大御所。だが、そんな素振りもなく、気さくに小山に話しかけてきた。それが誘い水になったのだろう。小山はかねて悩んでいた「南高」の剪定法について、梶浦に質問してみた。

梶浦は即座に、「鋸《のこぎり》と鋏《はさみ》をもってきたまえ」と応じ、みんなの見ている前で、てきぱきと剪定の実施指導をしてみせたという。

ウメの発育生理から解きほぐした梶浦の剪定理論は、小山の心をうった。〈ウメの剪定はむずかしい〉というが、小山が「南高」の整枝・剪定技術に開眼したのは、この時である。南部川村の「南高」ウメは、こうした努力があって安定生産に転じていく。品種のすばらしさもさることながら、その品種にふさわしい栽培技術が工夫されたからだろう。

品種改良の成果は、品種を栽培する農家が、その品種の力を十分引き出した時にはじめて完成する。南部川村の「南高」ウメは、品種の選定だけでなく、選定した品種にふさわしい整枝・剪定技術を開発した農家の力があってはじめて達成されたといってよいだろう。

「南高」の母樹（和歌山県みなべ町）

みなべ町うめ振興館

日の当たるところから赤く染まる

収穫期は園地にネットを敷く

それにしても、昔の大学者は学理だけでなく、実技にも強かったものである。選定の名人だけでなく、鍬《くわ》使い名人、野菜づくり名人、稲づくり名人など、わたしの知っている先輩にはそんな人がぞろぞろいた。果たしてその伝統が、最近の試験場にも受け継がれているか、なんとなく心もとない気がする。

先人の努力の積み重ねによって

南部川村の「南高」ウメ開発のエピソードは、技術開発が意外なほど農家の身近にあることを教えてくれる。

半世紀の昔、将来を見通してウメの改良を決意した南部川村の上南部農協谷本勘蔵組合長と農業共済の糸川國太郎組合長。調査に汗した高校の竹中勝太郎先生と園芸部の生徒たち。快く母樹を提供した高田貞楠・小山貞一らの精農たち。こうした人々の力の結集があって、はじめて国内随一の生産量を誇る「南高」を世に送り出すことができたのだろう。

だが、この力の結集も、もう一つさかのぼれば、この村が先祖から受け継いできた伝統があってこそ、ということもできる。もともとこの地方のウメは、今から390年ほど前の江戸時代、当時の田辺藩主安藤直次が栽培を奨励したのが、はじまりであるといわれる。明治19年（1886）頃には、南部川村の内中源蔵が荒れ山を開拓し、本格的なウメの栽培に手を染めている。この地方が全国一のウメ産地に成長する背景には、こうした先人の努力の積み重ねがあったことを忘れるわけにはいかないだろう。

平成18年（2006）現在の全国ウメ結果樹面積は1万8000ヘクタール。うち「南高」は5750ヘクタール（32％）で、他品種をはるかにしのぎ、今も増加傾向にある。とくに和歌山県は4150ヘクタールと、断トツに多い。人口6000人ほどのこの村の企てが、いかに大きな経済効果をもたらしたことか。

いつの時代も農業は、農家が技術開発に参加したときもっとも力を発揮する。最近はとかく〈技術開発は試験場におまかせ〉の世の中だが、独自に優良品種をつくりあげたこの村の快挙に、心からの拍手を送りたい。

石墨慶一郎と水稲「コシヒカリ」

石墨慶一郎

1921〜2001

戦争中の腹ぺこ時代に交配

並河成資《なみかわしげすけ》の水稲「農林1号」顕彰碑が建って43年後、新潟県長岡市の新潟県農業総合研究所の正面玄関前に、もう一つの新しい記念碑が建った。この地で生を受け、この地から全国に普及していった水稲品種「コシヒカリ」の記念碑である。

今をときめく「コシヒカリ」は、昭和19年（１９４４）に新潟県農事試験場（現在の農業総合研究所作物研究センター）で交配された。この年はサイパンやグアム島で日本軍が玉砕した暑い夏だった。その同じ夏に交配に汗したのが、当時ここにあった農林省指定試験地主任の高《たか》橋浩之《はしひろゆき》であった。

「コシヒカリ」の父親は「農林1号」。母親はその前年に兵庫県農事試験場で育成されたばかりの良食味品種「農林22号」である。今考えてみれば、両親とも無類の良食味品種。最初から良食味を約束されたような毛並みのよい品種であった。

とはいえ、戦時中の腹ぺこ時代にはじめから良食味をねらっていたとは考えにくい。この時代の主力品種は「農林1号」。この品種の唯一の欠点、いもち耐病性弱を克服しようと、当時最強といわれた「農林22号」との交配を試みたというのが本音のようだ。ただし、その意味では成功したとはいえない。「コシヒカリ」は依然いもち病に弱かったからだ。

人生には運・不運がつきものだが、品種にも苦難に強い、強運の品種がある。「コシヒカリ」はその強運の品種であった。

昭和20年（1945）、長岡は空襲に遭い、高橋の宿舎は炎上する。さいわい交配種子は難を逃れたが、試験どころではない。敗戦後の21年（1946）になって、やっと播種することができた。この品種の強運はここからはじまった。

交配者は高橋浩之

長岡の空襲を生き延びた交配種子だが、ここから良食味品種「コシヒカリ」に至る道のりも、苦難の連続だった。

この時期、職員はすべて兵隊にとられ、試験場は病弱で兵役免除の高橋浩之と勤労動員の女学生だけで守られていた。炎天下の水田除草を回顧して高橋は、「時には目まいをして畦《あぜ》にしゃがみこんだこともありました」と、述べている。

だがその高橋も、この系統をわずか1年栽培しただけで長岡を去る。転勤先は埼玉県鴻巣町（現在の鴻巣市）の農林省農事試験場。昭和21年末のことであった。

高橋と「コシヒカリ」のつき合いはここまでだが、その後の彼の活躍についても、少し触れておきたい。研究者仲間の記憶には「コシヒカリ」より「田畑輪換の高橋さん」の記憶のほうがより鮮明だからだ。

今でこそ、転換畑作が普通になったが、その先駆となる田畑輪換の本格研究がはじまったのは戦争直後。その草分けが高橋だった。

田畑輪換は水田と畑状態をくり返すことで乾土効果を呼び、雑草を抑える。「水稲の反当収量を大幅に増加させる期待があり、さらに水稲以外の作物を自由に導入することによって、農業経営を合理化する」というのが、高橋の夢だった。

だがそんな高橋の夢とは裏腹に、戦後農業は化学資材に依存した稲偏重の道をひた走る。新農政が動きだし、農業の多様化・複合化が求められる今日、高橋の先見性が再度見直されるべき時期がきているように思う。

昭和37年（1962）、高橋は東海近畿農業試験場部長在職のまま亡くなった。「コシヒカリ」の栄光も、田畑輪換の定着もみることのない53年の生涯だった。

米質と熟色のよさに魅かれて

ここで話をもう一度「コシヒカリ」にもどそう。

昭和23年（1948）、新潟県農事試験場交配の雑種3代系統群は里子に出されることになった。里親は新しく品種改良をはじめたばかりの福井県農事試験場。ここでは、それまでナタネの品種改良を担当していた石墨慶一郎《いしずみけいいちろう》が主に試験を担当した。

ところがこの里子には福井でも苦難が待っていた。もらわれてきた年の6月、今度は有名な

「コシヒカリ」は稈がしなやかで、同じ倒伏でも、べったりと地面に貼りつくことは少ない

高橋が田畑輪換試験をした、かつての農林省農事試験場（埼玉県鴻巣市）

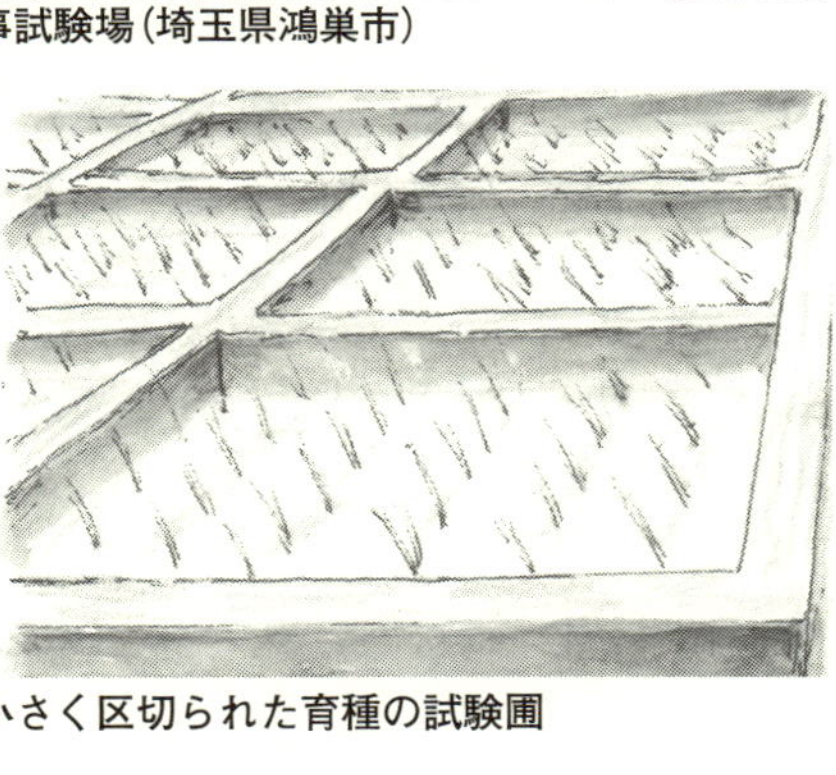

小さく区切られた育種の試験圃

福井大地震が発生、試験場も大被害を被った。田植え直後の苗は土砂に埋もれたり、浮き上がったりして、廃棄に追い込まれた系統も多かった。だがここでも、この強運の系統は無事に生き延びることができた。

苦難もあったが、よいこともあった。福井県農試では品種改良をはじめたばかりのせいもあって、ずいぶん大切にされた。

「倒れやすく、いもちにも弱かったので捨てようかと迷いながら、米質と熟色のよさに魅かれて、もう一年と検討をつづけた」

選抜に当たった石墨は後にこう述べている。

昭和28年（1953）、この系統は奨励品種候補として各県に配布され、比較試験に供された。だが評価はイマイチだった。やはり倒伏といもち病が心配されたからである。

だれもが普及を疑問視する中で、あえてこの品種を世に送り出したのは、当時の新潟県農業試験場長杉谷文之《すぎたにふみゆき》の英断であった。

「栽培法でカバーできる欠点は、致命的欠陥に非ず」

自らも育種家だった杉谷は、もともと新潟県農試で生まれたこの品種に、特別の愛着があったのだろう。

昭和31年（1956）、はじめて「コシヒカリ」と命名され、世に出ることになった。

「コケヒカリ」と陰口

「『コシヒカリ』でなく『コケヒカリ』だ」

「コシヒカリ」が世に出たころ、こんな陰口がささやかれた。なにしろ「コシヒカリ」は倒れやすく、つくりにくい。もし当時の新潟県農業試験場長杉谷文之の英断がなかったら、この品種が陽の目をみることはなかったろう。倒伏を心配する周囲の声に、「あえて稈《かん》の弱いコシヒカリを採用し、多肥栽培の行き過ぎを抑える」といって、奨励品種採用に踏み切ったとも伝えられる。そのせいか、たしかにこのころから施肥量は最盛期の8割程度に減ってきている。

昭和31年（1956）、「コシヒカリ」は新潟県・千葉県で奨励品種に採用された。翌年には栃木県でも奨励品種に採用される。この品種が低温発芽性にまさることが明らかにされたために、春先の冷水に悩まされていた北関東や千葉の早植え・早期栽培地帯に普及していったのである。

「コシヒカリ」は西日本の早期栽培地帯にも普及していった。ちょうど早期栽培米が増え、品質・食味の悪さが問題になりはじめた時期である。高温多湿下で収穫する早期米はどうしても品質・食味が悪くなりがちだが、そんな中で穂発芽が少なく、高品質・良食味の「コシヒカリ」は歓迎された。

昭和44年（1969）、自主流通米制度が発足した。ここからは各地の良質米増産計画に組み込まれ栽培面積を拡大していった。

ところが、この時代はまた田植機や自脱コンバインが出回り、稲作機械化が急激に進んだ時期でもある。穂重型で倒伏に弱い「コシヒカリ」は機械化に不向きということでいったんは敬遠された。おいしさが力を発揮しだしたのは、この時からである。

現場農家の工夫で天分を発揮

機械化に不向きとされた「コシヒカリ」が、この障壁を乗り越えることができたのは、おいしい米を求める消費者の声と、これに応えた農家・普及所、それに試験場のがんばりのおかげだった。

折しも世はグルメ時代。ここまで来ると、倒伏しやすいからといって放っておくわけにもいかない。多収を得るため、窒素を抑えながら早植え・水管理を組み合わせ、倒伏させないで稲を丈夫に育てる。そんな栽培法が各地で工夫されていった。

その成果だろう。最近の「コシヒカリ」は育成直後のそれに比べて、稈長で10センチ短く、収量は30％多くなった。

ひ弱にみえた天才児は周囲の励ましによってたくましく生長し、見事に天分を発揮し出したのである。

「コシヒカリ」の天分はその後も発揮される。平成5年（1993）の大冷害では、それまで冷害に強いといわれた多くの品種が大被害を受けた中で、「コシヒカリ」だけは最高級の冷害抵抗性を示した。おかげで最近は良食味だけでなく、耐冷性の育種素材としても品種改良に利用されている。

「コシヒカリ」の名は〈越《こし》の国に光り輝く〉ことを願ったもの。越の国どころか、今では日本中に光り輝いている。平成17年（2005）度現在、全国作付け面積は64万ヘクタール、38％のシェアを占める。しかも昭和54年（1979）以来、30年近く断トツで、当分首位を他品種

低温発芽性にまさることで奨励品種に

「コシヒカリの里」の碑（福井市郊外）

に譲りそうにない。

この品種にあやかろうと、「コシヒカリ」を片親にもつ品種は「ひとめぼれ」「あきたこまち」など、枚挙にいとまがない。最近は孫・曾孫品種も多く、血を引かない品種を探すのに苦労するぐらいだ。

適正な作付け比率を求めて

「コシヒカリでなければ米でないような宣伝はやめてほしい。全国各地には各地方地方にコシヒカリ以上の米が必ずあります」というのが、育成者石墨慶一郎の願いだった。

彼はまた、「コシヒカリ」を栽培したいという農家に、いつも「適正な作付け比率を保つこと」を求めていた。過度に1品種に偏ると、機械施設の大型化を余儀なくされ、病害虫防除も追いつかなくなると説いたのである。

たしかに農業に〈ひとり勝ち〉は似合わない。

品種であれ、作物種であれ、この狭い島国で、しかも自然生態系に間借りして営まれている農業で、多様性が失われてよいことはない。「コシヒカリ」の交配者高橋浩之がその後、農家が作物選択の幅を拡げられるよう田畑輪換研究に力を注いだのも同じ想いからだろう。そろそろ「コシヒカリ」の枠からはみ出る品種が生まれてほしいものである。

福井市郊外にある福井県農業試験場には「コシヒカリ」のもう一つの碑が建っている。こちらは昭和59年（1984）に建設されたもので、「コシヒカリの里」と記されている。この試験場で「コシヒカリ」育成に心血を注いだ石墨らの労に報いたものである。

平成5年（1993）の大冷害の年に、福井県農業試験場長を最後に退職し、丸岡町（現在は坂井市）の自宅で「コシヒカリ」の有機栽培に取り組んでいた石墨から私信をいただいた。

「今年の低温にはコシヒカリ程度の耐冷性では役に立たず、農家に申し訳ない気持ちで一杯です」

つねに農家とともにあった育種家の誠に触れた想いがした。

平成13年（2001）、奇跡の品種「コシヒカリ」育ての親石墨慶一郎は80年の生涯を閉じた。

小松一太郎の小麦「農林61号」

小松一太郎

1909〜2001

今も農林番号で呼ばれる長命品種

以前にも述べたが、昭和前半に農林省の試験場やこれとネットを組む道府県指定試験地で育成された品種には、作物別に「農林○号」という名がつけられていた。昭和25年（1950）から別にニックネームが付され、現在の品種はほとんどそちらの名になっている。だが、今も農林番号で呼ばれている長命品種が一つだけある。小麦「農林61号」である。

小麦「農林61号」は今から七十数年前の昭和10年（1935）、当時福岡県にあった農林省九州小麦試験地で生を受けた。敗戦直前の昭和19年（1944）に、当時佐賀市神野町にあった佐賀県農事試験場から世に出ている。普及予想地域は北九州だったが、昭和20年代なかばには早くも北関東にまで拡大。以来七十数年、つぎつぎ新品種が生まれる中で、この品種だけは別格の長命を保っている。

しかもこの品種は、ただ長命というだけではない。昭和34～55年（1959～80）の間、品種別普及面積のトップを独走。その後「ホロシリコムギ」にとって代わられるが、59～62年（1984～87）には、ふたたび首位に返り咲いた。最近はさすがに再度2位に後退したが、最盛期の47年（1972）には20万ヘクタール、68％のシェアを占めた。日本中の小麦の3分の1が「農林61号」だったというわけだ。

ここからは、この無類の長命品種とその育ての親小松一太郎《こまついちたろう》らについて述べてみたい。

「小麦増殖5か年計画」

福岡県筑後市の九州・沖縄農業研究センター筑後研究拠点の玄関脇には、「農林省九州小麦試験地」の石碑が建っている。九州小麦試験地は昭和7年（1932）、当時八女《やめ》郡羽犬塚《はいぬづか》町といわれたこの地に設立された。

この年、農林省は「小麦増殖5か年計画」を発足させている。ちょうどパン食が浸透し、小麦の大量輸入が目だちはじめた時期である。小麦の増産は農家の収益増と外貨節約のため、国としても最重要の課題であった。

小麦「農林61号」が九州小麦試験地で交配されたのは、試験地設立3年後のことであった。

両親は「新中長」と「福岡小麦18号」。うち「新中長」は瀬戸内から北九州にかけて最高8万7000ヘクタールが普及した。

いっぽう、「福岡小麦18号」の母親「江島神力」も北九州・四国地方で栽培され、昭和初期には全国1位、九州だけで4万4000ヘクタール普及している。「農林61号」はこの両品種の血を受けた期待の星であったわけである。

九州小麦試験地の品種改良の中心は秋浜浩三《あきはまこうぞう》であった。秋浜は後の北陸農業試験場長、水稲「農林1号」の話に登場した並河成資遺児育英資金の発起人になった人である。当時、陸稲の品種改良から転じて日も浅かったが、「圃場に出たら、必ず一つは新しい発見をしよう」と、熱心に圃場を見回っていたという。

九州小麦試験地で秋浜らが手塩にかけて育てた雑種4代363系統が、当時佐賀郡神野村(現在の佐賀市)にあった佐賀県農事試験場に送られてきたのは、昭和13年(1938)のことであった。後に小麦「農林61号」につながる系統は、ここから指定試験地主任小松一太郎《こまついちたろう》らの手によって選抜が続けられ、固定されていった。

安楽死時代に孤軍奮闘

佐賀県農事試験場で、小麦「農林61号」の育成が続いた昭和13~19年(1938~44)は、太平洋戦争の最激戦期である。研究員はつぎつぎに召集され、無念の戦死を遂げた人もい

小麦「農林61号」の穂

九州小麦試験地（福岡県筑後市）

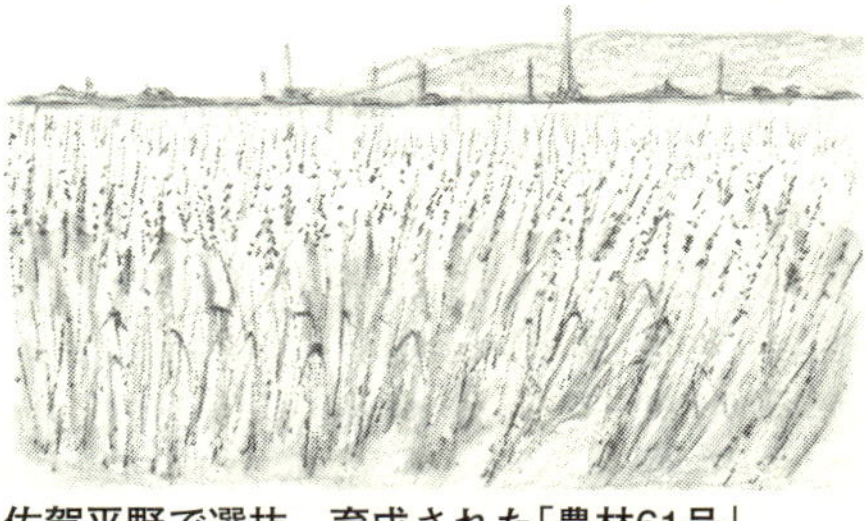
佐賀平野で選抜、育成された「農林61号」

た。だが、そんな中でも、品種改良は休みなく続けられていった。

「農林61号」の穂は出穂直後には貧弱にみえるが、登熟後期に弾《はじ》かれるように肥大してくる。60年以上も揺るぎないこの大品種を見出すことができたのは、収穫直前まで続けられた小松らの周到な観察がこのかくされた特性をみごと見抜いたからであった。

昭和19年、小麦「農林61号」は世に出た。当時の品種の中では、中生で短稈、とび抜けて分げつ旺盛で穂数が多く、倒伏に強い品種であった。小松が予想した普及地域は、「九州一円特ニ北九州ニ於ケル平坦肥沃地帯」だったが、その予想をはるかに超え、この品種は全国に普及していった。

昭和19年に、佐賀県が奨励品種に採用して以後、九州全県はもちろん、北関東までの多くの県で奨励品種に採用されている。

戦中・戦後の食料難時代、小麦は主食として最重要作物になるが、その増産の尖兵となったのが、よく穫れる「農林61号」であった。

戦後、食料事情が好転し、選択的拡大の時代が訪れると、小麦は減退の一途をたどる。とくに昭和40年代に、オーストラリア産小麦ＡＳＷ（「オーストラリア・スタンダード・ホワイト」の略）が輸入されると、国内の小麦生産はほとんど安楽死状態に追い込まれた。

だがそんな時代でも、「農林61号」だけはしぶとく生き残った。他の国産品種に比べ、穂発芽が少なく、品質が比較的安定しているところが、加工業者に評価されたのである。

育種の基本は観察

小麦「農林61号」はしたたかな品種である。「安楽死」といわれた小麦が持ち直したのは、昭和50年代後半からである。

以後、小麦は転換畑作の主役となるが、ここでも「農林61号」は北海道以外の主力品種になった。平成16年（２００４）現在、「農林61号」の全国栽培面積は４万５７００ヘクタール（21・7％）、「ホクシン」についで全国2位で、北海道を除けばもちろん第1位、46・８％のシェアを占める。

とはいうものの、誕生からすでに60年。ここまでくると、称賛ばかりではすまされない。今となれば、この品種の収穫時期では遅すぎ、後作の夏野菜がつくりにくい。長稈で倒れやすく、機械化向きでない。なによりオーストラリア産ＡＳＷに対抗するためには、この品種を凌駕する高品質の内地向け品種の育成が急がれねばならない。最近、「シロガネコムギ」「チクゴイズミ」などが伸びているが、いつ「農林61号」を超える品種が生まれるか。だれもが首を長くして待っている。

平成12年（２０００）の麦秋、「農林61号」の育成者小松一太郎を、神奈川県藤沢市のお宅に訪ねた。小松はすでに92歳、はじめは話し渋ったが、やがて育種家の情熱がもどり、当時の思い出話をしてくださった。

「育種は観察です。あのころはただ観察だけがたよりで、朝・昼・晩と日に3回は畑を見回ったものです」

小松は戦後、故郷の山梨県に帰り、県農事試験場棉作《わたさく》分場長を務めた。最後は農林省の行政部局に転じ、退職している。

わたしが訪ねた時は、帰りに奥さんと近くのバス停まで送ってくださるほどお元気だったが、その翌年の平成13年（２００１）に、93歳で亡くなった。

水野豊造と富山のチューリップ

水野豊造

1898
〜
1968

100万本が咲きそろう

最近は、地元特産の美しい花木で地域おこしに熱心なところが多くなったが、富山県砺波市《となみ》のチューリップはそのはしりといってよいだろう。もうずいぶん昔になるが、その由来を知りたくて、砺波市を訪ねたことがある。

砺波市の中心には、この町のシンボルのチューリップ公園がある。わたしが訪れたのは3月だが、ここでは毎春、4月下旬から5月の連休に「となみチューリップフェア」が開催されるとか。

昭和27年（1952）以来開催されていて、平成17年（2005）で54回。インターネットによると、今回も4月20日～5月6日の間に開催され、４５０種、１００万本のチューリップが咲きそろい、30万人からの人出でにぎわったという。もちろん地元のチューリップ農家の支援があってのことだろう。

チューリップ公園には「チューリップ四季彩館」があって、世界中のチューリップの歴史や文化を、てぎわよく紹介している。

感激したのは、館内ロビーの壁にひっそりと飾られているチューリップ栽培用の農機具のさまざまである。球根植えつけ用の定規や土入れ鍬、掘り取りフォーク、球根選別機など。外国製もないわけではないが、そのほとんどが農家の手製や地元メーカーの製造によるものだった。今日、日本一の生産量を誇る富山県のチューリップは、こうした農家の知恵と工夫によって築きあげられたものである。

ここからは、その砺波平野にチューリップ農業を花開かせた一人の農家について、話を進めてみたい。大正から昭和にかけて、砺波のチューリップ農業をリードし、国内はおろか、海外にまで〈チューリップ王国とやま〉の名をとどろかせた、水野《みずの》豊造《ぶんぞう》がその人である。

水田裏作の換金作物

チューリップは富山県の県花である。わが国のチューリップ栽培面積は平成16年（２００４）現在約３００ヘクタール、その半分１５０ヘクタールを富山県が占める。最近は国内生産そのものが減少傾向にあるが、富山県が日本一の〈チューリップ王国〉であることには変わりがない。

じつはこのチューリップ王国の歴史は、今から90年ほど昔、ここで農業を営んでいた一人の若い農家の発想からはじまった。彼の名は、水野豊造といった。

水野は明治31年（1898）、東礪波郡庄下村（現在の砺波市）で生まれた。彼がチューリップに出会ったのは、農業を継いだばかりの大正7年（1918）、21歳の時だった。身体が弱く、出稼ぎにいけなかった彼が、

「水田裏作に向く換金作物はなにかないか」

と考えた末、目をつけたのがチューリップだった。さっそく、種苗商のカタログをみて、10個ほどの球根を取り寄せた。

はじめてチューリップの球根を畑に植えつけた時、水野は〈こんな栗のような球根が〉と思ったそうだ。だがこの球根が、翌春には見事な深紅の花を咲かせた。さっそく町に持っていったところ、飛ぶような売れ行きだった。

最初は切り花栽培でもうけた彼だが、彼の関心はまもなく、より利益の多い球根生産へと移っていった。切り花としては商品にならない欠損株や不開花株を掘り取ってみたところ、翌年に向けてまるまると太った子球が育っていたからである。

「富山の土は球根栽培に適している。水田裏作に有望なのでは……」

今や1世紀になんなんとする富山県のチューリップ農業は、この時の水野の着想からはじまった。

先進地の手ほどきを受けて

裏作に適当な作物がなかった砺波平野で、水野豊造が本格的に球根生産をはじめたのは、大正12年（1923）のことだった。

球根栽培には、品種や病害に細心の注意を払わねばならない。そこで彼が教えを乞うたの

チューリップ四季彩館（富山県砺波市）

砺波平野の換金作物として球根生産へ

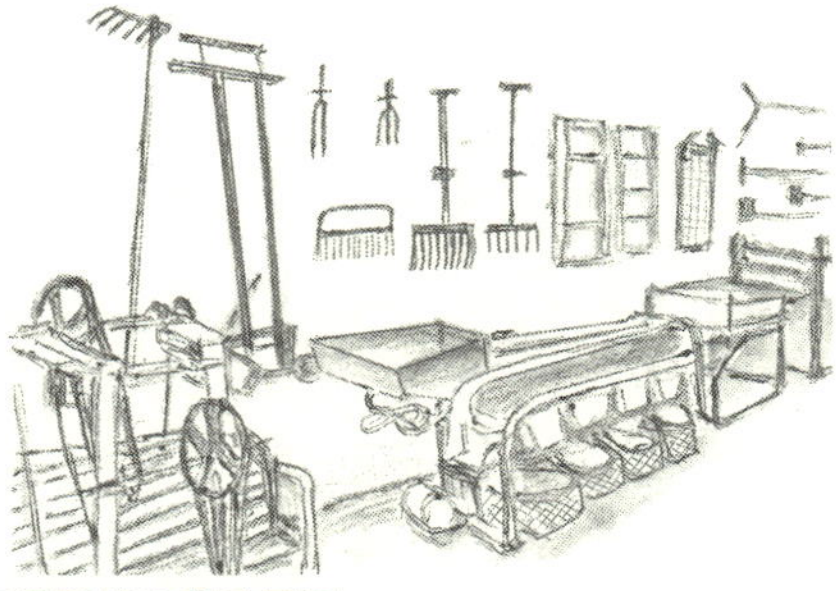

四季彩館の農具展示

が、先進地の新潟県中蒲原郡《なかかんばら》小合村《こあい》（現在の新潟市新津《にいつ》地区）の小田喜平太《おだきへいた》だった。

わが国にチューリップが伝来したのは、江戸末期といわれる。だが、本格的な球根生産に踏み切ったのは、この小合村の小田喜平太が最初だろう。もともとこの地区は江戸時代から続く花の産地だが、小田は大正８年（１９１９）に、オランダから大量の球根を輸入、球根の本格生産をはじめた。

先駆者の苦労はいつの世も同じだが、小田も最初は球根に買い手がつかず、資金ぐりにも苦労したようだ。だが彼はそんな悪条件を克服し、周囲の農家を組織し、〈東洋のオランダ〉と称せられるほどの球根産地をこの地につくりあげていった。大正末には、アメリカに輸出できるまでになっている。

水野が小合村の小田を訪ねたのは、大正14年（１９２５）のことである。彼はここで小田に技術指導を受け、種球を買って帰った。球根はさっそく仲間に分配され、ここから富山チューリップが芽生えていった。

水野はその後も、しばしば小合村に足を運び、栽培法はもちろん、商品の流通、生産組合の持ち方などで、多くの手ほどきを受けている。小合村は畑作、砺波では水田裏作と、お互い条件は異なるが、当時から農家は技術情報を交換し、助け合っていたのだろう。

ちなみに、新潟県のチューリップ栽培面積は１３０ヘクタールで富山県につぐ第２位、県花も同じチューリップである。

戦争で球根の輸出禁止

雪深い砺波平野には、大正時代まで適当な水田裏作物がなかった。そこに生まれたチューリップの球根生産は農家に歓迎され、急速に仲間を増やしていった。

大正13年（1924）、水野は仲間に呼びかけ、出荷組合を結成する。計画栽培を実現し、良質球根を海外に輸出するのが、彼の夢だった。

生産農家は年々増加し、昭和13年（1938）には、はじめて球根3万球をアメリカに輸出した。15年（1940）には、ヨーロッパでの戦争拡大で輸出が止まったオランダ産に代わり、最高40万球をアメリカに送るまでになっている。

だが、そんな苦心を重ねて水野らが積み上げた努力は、太平洋戦争の勃発によって、一挙に消し飛んでしまった。アメリカ向けに用意した300万球の球根の荷造り中に、輸出禁止の憂き目にあってしまったのである。後日、水野はその時のことを、

「しばらくはどうしてよいのかわけもわからず（中略）ポロポロ涙が出て止まらなかった」

と、述懐している。

輸出できない球根は、家畜のえさにするしかない。砺波のチューリップ農業はこの日から長い中断の年月を過ごすことになった。だが、彼らは座して日々を過ごしていたわけではない。驚嘆するのは、あの戦争のさなかに120人もの農家が種球を絶やさないよう、庭などに植え

継いでいたことである。

「いずれ戦争が終われば、必ずチューリップに日の当たる日がくるはず」

その根性が戦後大躍進のバネになったのだろう。戦争が終わると、チューリップは不死鳥のようによみがえった。

輸出再開と品種改良

敗戦直後の昭和21年（1946）4月、当時東礪波郡出町（現在の砺波市）にあった県農業試験場園芸分場に、120人もの農家が集まった。ゴザの上に座り込んで、輸出チューリップの復活を誓い合ったという。

さっそく新組合が結成され、輸出向け球根栽培が再開された。もちろんここでも「機関車」とあだ名された水野豊造が中心にいた。彼らの活躍のすばやさは、昭和23年（1948）に10万球をアメリカに輸出したことからもわかる。

最盛時2000万球を輸出した富山チューリップの実力は、彼のリーダー・シップの下《もと》で築きあげられていった。

水野はまた、品種改良にも熱心だった。チューリップの球根生産では品種が鍵になる。品種を海外に求めていたのではどうしても後手になる。彼は自ら人工交配を試み、品種改良に立ち向かっていった。昭和初頭のことであった。

品種改良といっても、チューリップの交配育種は容易ではない。交配しても球根が大きくなるまでは花が咲かない。咲くまでに早くて5年、それから選抜・増殖して普及に移すまでには、最短でも20年を要した。そんな面倒な品種改良に、彼はあえて挑んでいった。

水野が育成した「王冠《おうかん》」「天女の舞い」「黄《き》の司《つかさ》」など7品種は、昭和26~27年（1951~52）に登録された。乳白・濃黄・紫・赤と、色とりどりだが、これがわが国で最初に育成されたチューリップ品種である。

品種改良は今では、多くの農家に受け継がれ、農家育成品種が多数生まれている。ちなみに

輸出向けの球根栽培を再開

自ら人工交配を試み、品種改良に挑戦

水野豊造の胸像（富山県砺波市）

戦後、国の品種改良事業もはじまり、現在は富山県野菜花き試験場に指定試験地が置かれ、30品種近くが世に送り出されている。

チューリップ一筋の人生

砺波市にある富山県花卉《かき》球根農業協同組合の前庭には、水野豊造の胸像が建っている。台座には、彼の友人根尾長次郎氏の和歌が刻まれていた。

道しるべ竹立て吹雪く国なれや
　その竹となる君の尊し

雪道を歩くのには、目印に立てた竹がなによりの頼りである。吹雪が吹き荒れた昭和初期の砺波農業で、そんな道しるべの竹となったのが、水野だった。

水野の部下だった組合の樋掛辰巳参事（当時）の話では、「なにしろ熱血漢でした」とのこと。組合の会議室に掲げられた水野の写真をみても、眼光炯々《けいけい》、いかにも意志の強そうな風貌が印象に残った。

水野豊三の4男で、彼のよき補佐役だった水野嘉孝氏にもお目にかかることができた。

「おやじはチューリップ一筋の、変わり者でした。チューリップは魂でつくるもの、というのが口癖でした」とのこと。

昭和43年（1968）、水野豊三は69歳で亡くなった。生涯、酒・たばこはもちろん、茶も飲まず、白湯《さゆ》しか口にしなかったという。

長男の豊孝氏がまとめた『水野豊造原稿集』には、亡くなった年の正月、水野が組合員宛に記した遺稿が残されている。雪国の水田裏作としてのチューリップの重要性を切々と訴えた後、おおよそつぎのように締めくくられていた。

「何卒《なにとぞ》、組合員各位にはチューリップを富山県の郷土の花に育て、水田裏作として日本一の実績を挙げ得られた誇りを忘れる事なく、益々事業の発展の為にご精進あらん事を御祈り申し上げます。合掌」

つねに富山チューリップを愛し、最後まで組合の発展を願った、一筋の人生であった。

刀根淑民のカキ品種「刀根早生」

刀根淑民

1926
〜

台風が誘起した枝変わり

奈良盆地の東部を山すそに沿い、南北に走る〈山辺《やまのべ》の道〉は、日本最古の道である。石上《いそのかみ》神宮《じんぐう》・崇《す》神天皇陵《じんてんのうりょう》・景行《けいこう》天皇陵・大神《おおみわ》神社など、国づくり伝説や旧跡の並ぶこの道は、最近ハイキングコースとして、多くの人に親しまれている。

昭和39年（１９６４）の9月のはじめ、この山辺の道ぞいの天理市萱生《かよう》町のカキ園で、ほかの樹に比べて並はずれて早く色づく1本の渋ガキが発見された。品種は同じ「平核無《ひらたねなし》」のはずなのに、周囲の樹より10〜15日早く赤くなり、9月の中・下旬にはもう収穫できた。

〈枝変わりなのかもしれない〉

「刀根早生」の原樹（奈良県天理市）

カキ園のもち主の刀根淑民《とねよしたみ》は、この枝をみた時、そう思ったという。じつはこの樹は、つい2年前に彼が接ぎ木したばかりの樹であった。

話は、昭和34年（1959）の伊勢湾台風にさかのぼる。気象災害史にも名を残すこの大台風は、奈良地方のカキにも大被害をもたらした。

とくに開園5年目のこのカキ園は被害甚大で、もっとも風当たりの強かった園の隅のこの樹は主枝が引き裂かれ、へし折られてしまった。刀根はやむなく翌々年、その台木から自生した枝に、もう一度「平核無」を接ぎ木した。問題の早なりの枝は、その木が生長したものであった。

ここから刀根の観察がはじまった。注意してみると、翌年もこの枝のカキの実はやはり早く実る。枝は年々生長し、多くの果実を着けるようになったが、熟期は依然として早かった。食べてみると、肉質もよく、おいしい。彼の予感は、まもなく確信に変わっていった。

カキの出荷シーズンをいっきに早めた極早生《ごくわせ》カキ「刀根早生《とねわせ》」の誕生は、この刀根の確信が発端になった。

福長信吾の尽力で品種登録

奈良県の山辺の道ぞいのカキ園で、2週間も早く色づいた一枝のカキをみて、〈枝変わりに違いない〉と確信した刀根は、さっそく近くの普及所を通じ、試験場に調査を依頼した。だが調査ははかばかしくは進まなかった。

接ぎ木で生まれた変異は、時間が経つと、元に戻ってしまうことが多い。そのうえ、この樹の株元に虫食い痕があったため、虫食いによる早熟化とも疑われた。〈もうしばらく観察を続けては〉というのが、試験場の判断だった。

試験場は慎重だが、まわりの農家は待ってはいなかった。なにしろ村でいちばん色づきの早いカキで、よく目だつ。たちまち評判になり、接ぎ木して増やしたいという、農家が殺到した。刀根はそんな農家の希望に応えて、積極的に苗木を増殖・配布していった。

転機が訪れたのは、10年後の昭和51年（1976）ころだった。たまたま渋抜き技術の指導のため、萱生を訪れた専門技術員の福長信吾《ふくながしんご》が、すでにかなり農家の間に広まっていた、この極早生ガキの噂を耳にしたのである。

彼は試験場OBでもあった。

〈このまま放っておいたら、せっかくの育成者の努力が無になってしまう〉

事態を心配した福長の尽力で、刀根の品種登録申請手つづきは、いっきに進んだ。

昭和55年（1980）、刀根淑民の発見した〈枝変わり〉は晴れて新品種と認定され、「刀根早生」と命名された。枝変わりの発見からなんと、16年後のことであった。

「なにもかも、福長先生のおかげです」

わたしが訪ねたとき、刀根はそういって、福長に深く感謝していた。

CTSD（脱渋）法の開発

カキの「刀根早生」が晴れて新品種と認定された昭和55年ころ、この品種はすでに地元の奈良・和歌山両県の果樹農家にかなり受け入れられていた。この時期、ミカンの過剰生産が問題になり、他作物への転換が強く求められていたからである。

極早生のカキの誕生で、収穫期が早くなる

稲作や他の果樹作と作業が競合しない早生カキへの転換を希望する農家が増え、「刀根早生」は急ピッチで栽培面積を増やしていった。昭和60年代のはじめには、栽培面積が早くも、1000ヘクタールに達している。

「刀根早生」の普及を後押しした、もう一つの要因に、脱渋《だつじゅう》技術の進歩があった。渋ガキは、当然ながら、出荷前に渋抜きする必要がある。とくに収穫期が1~2か月早まる施設栽培では成熟期が高温のため、日持ちが悪くなることが心配された。その心配を払拭したのが、炭酸ガスによる恒温迅速脱渋法、いわゆるCTSD法の開発であった。

CTSD法は昭和49年(1974)、鹿児島大学松尾友明らによって開発された。この方法では、果実を23~25度に加温した後、二酸化炭素90%以上の脱渋室内で16~24時間、密封処理する。従来の方法に比べて、渋抜き時間を大幅に短縮できるうえ、果皮障害や軟化が少ないため、汚染果の発生が少なく、商品としての日持ちをよくする効果があった。この年秋の園芸学会で、はじめて発表されたのだが、翌年には早くも産地に受け入れられ、実用化が進められていった。

渋抜きさえうまくいけば、渋ガキは甘ガキとは違ったおいしさがある。ジューシーで舌ざわりが滑らか。今日のように、スーパーの店頭に黒斑ひとつない色合いのよい渋ガキが並ぶようになったのは、この方法が実用化されたおかげといってよいだろう。

産地拡大に貢献した渋抜き技術

かぶりつく熟柿や髭《ひげ》を汚しけり　　正岡子規

病に苦しみ、食欲のなかった子規が、それでもかぶりついたのが、熟柿だった。かつての時代、渋ガキを食べるのには熟柿か干しガキにして食べるのが普通で、渋抜きしたカキなどほとんど見かけなかった。

もちろん、当時も渋抜き法がなかったわけではない。焼酎やアルコールによる渋抜き法は、昔からよく知られていた。昭和40年代には簡易なビニール天幕を利用した炭酸ガスによる脱渋法が普及したが、果実の汚染や軟化が生じやすく、商品として大量流通させるのには、まだ問題が多かった。

ＣＴＳＤ法は、そんな大量の渋ガキを安定的に渋抜きする画期的な技術であった。「刀根早生」の普及には、このＣＴＳＤ法の開発が大きな力添えになった。

もっとも、ＣＴＳＤ法ができたからといって、翌日から「刀根早生」の渋抜きができるわけではない。この方法の実現には空調施設を必要とする。和歌山県も、奈良県も、生産者が中心になって研究会を開き、ＣＴＳＤ法のための施設の整備・運営など、生産現場に即した渋抜き技術がつくられていった。

「刀根早生」は「平核無」に比べ、タンニンが少ないため、高温期に収穫すると、脱渋後果肉が軟化しやすい。「検討会」は現場での実証を重ね、「刀根早生」に向く、渋抜き法をつくりあげていった。

「刀根早生」の渋抜きがより安定的かつ短時間に可能になり、出荷を早めることができようになったのは、ここからである。現在では、規模に応じた渋抜き施設が整備され、良質のカキを迅速に消費地に送り出す体制がととのっている。「刀根早生」はこうした地元ぐるみの支援で、はばたいていった。

原樹の近くに記念碑

もう一度、子規の俳句にもどる。かつての農村には、どの家にも庭先に古いカキの樹があって、秋を表徴する原風景になっていた。「柿」は日本の秋を代表する季語である。

だがそのカキが、最近は6月下旬から店頭に並ぶようになった。極早生の「刀根早生」の誕生によってカキの収穫期が早まり、さらにこの品種を取り入れたハウス栽培の普及で、一層早くなったからである。

「刀根早生柿発祥の地」の碑（奈良県天理市）

「刀根早生」が農家にとくに歓迎された理由の一つは、この品種と他品種との組み合わせによって労力の分散が可能になり、経営の多角化・規模拡大が可能になるからである。とくに昭和50年代になって、貿易自由化が果樹農業を直撃すると、「刀根早生」を取り入れ経営の幅を拡げたいという農家が多くなった。

平成16年（2004）現在、「刀根早生」の全国栽培面積は2560ヘクタール、「富有」「平核無」についで3位を占める。なかでも全国一のカキ生産県、和歌山県では「刀根早生」が第1位で47%、奈良県でも「富有」についで第2位を占めている。

平成11年の9月のはじめ、奈良県天理市に、「刀根早生」の発見者刀根淑民さんを訪ね、原樹をみせていただいた。そのカキ園に近い道ばたに、「刀根早生柿発祥の地」の碑が建っていた。碑は奈良県のカキ農家と関係団体の寄金によって建立されたという。「刀根早生」の恩恵を受けたカキ農家の気持ちが、この碑を建てさせたのだろう。

「刀根早生」の育成者、刀根淑民は現在80歳、今も元気で、カキづくりに精を出している。埋もれていた農家の技術を発掘し、「刀根早生」に光を当てた福長信吾は、残念ながら数年前にすでに亡くなっている。

松田順次の水稲室内育苗

松田順次

1907
〜
1994

田植機開発に風穴

「空にはスプートニク（人工衛星）、地にはプランター（田植機）、共に人類の夢を乗せて未開の宝庫をさぐり求める」

昭和33年（1958）春、某農業誌の巻頭を飾った特集「田植機開発の夢を追う」の冒頭句である。その前年打ち上げられた人工衛星が発想源の名文だが、人類はともかく、田植機は当時の日本の農家の共通の夢だった。

スプートニクに刺激されたわけでもないだろうが、田植機研究はこのころから本格化していった。高度経済成長で農村人口が都会に流出し、農業機械化が叫ばれた時代である。農林省主導の産学官田植機プロジェクトがスタートしたのもこの年であった。

だが、そんな意気込みとは裏腹に、研究は遅々として進まなかった。原因は「健苗」を意識し過ぎたからである。

昔から稲作には「苗半作」という言葉がある。苗代で育てた発芽後30～50日の、茎が太く、根ばりのよいずんぐり苗を「健苗」と呼び、これが多収の最大要件と考えてきた。田植機でも、多くが苗代で育てた健苗を利用する根洗苗方式を考えたのだが、それがうまくいかなかった。苗が大き過ぎ、不揃いで、根がからみ、分苗がむずかしかったためである。

厚い壁に突き当たった田植機開発に風穴をあけたのは、それまで予想だにしなかった新しい育苗法だった。長野県の北端、雪深い長野県農試飯山《いいやま》雪害試験地（現在は閉鎖）にいた松田《まつだ》順《じゅん》次《じ》技師が考案した苗代を使わない育苗法「室内育苗法」がそれである。

明治からはじめた本書の終盤は、雪深い山里で生まれた松田順次の室内育苗が、まちの電気技術者関口正夫《せきぐちまさお》の田植機発明につながるまでの2話をつづけることとしよう。

室内育苗を考案

「コペルニクス的転回」という言葉があるが、昭和農業最大の技術革新、田植機の発明はまさに、それまでの農業が夢想だにしなかった育苗法、「室内育苗（箱育苗）」の考案がきっかけであった。

室内育苗は昭和30年（1955）、当時長野県農業試験場飯山雪害試験地にいた松田順次によって考案された。ただし最初から彼がこの育苗法を、田植機を意識して考案したというわけではない。

飯山はわが国屈指の豪雪地帯である。雪解けを待っていたのでは、田植えは6月になってしまう。ちょうど同じ長野県の荻原豊次《おぎわらとよじ》が工夫した「保温折衷苗代」が普及し、早植えの増収効果が明らかになった時期であった。

「雪の中でも育つ育苗法が欲しい」

そんな農家の願いに応えて考案されたのが、この室内育苗だった。家の中で箱を使って苗を育てる。もともと蚕《かいこ》の研究者だった松田が稚蚕《ちさん》飼育をヒントに考えついたものであった。

「先生は座敷の長火鉢に行灯《あんどん》のような箱をのせ、その中で苗を育てていました。焦がすんじゃないかと心配したもんです」とは、当時の松田をよく知る小川久夫《おがわひさお》の話である。

稚蚕の飼育箱は60×30×3センチ。この小さな箱に土をつめ、厚播きすれば、葉数2～3枚、苗丈15センチ程度のか細い苗しかできない。だが松田はそんな「稚苗」でも、早植えすれば慣行苗の晩植《おそう》えより多収になることを実証し、周辺の農家に奨めたのであった。

松田の「稚苗早植え栽培」は飯山周辺の農家に歓迎された。なにしろ10アール当たりで1石《こく》（150キロ）は増収する。雪のため苗代づくりに苦労してきた積雪地の農家にとって、これはたいへんな福音だった。

「君は稲を研究する資格がない」

長野県農業試験場飯山雪害試験地で、松田順次が考案した稚苗早植えは、積雪地の農家には歓迎されたが、積雪地以外の農家にはなかなか受け入れてもらえなかった。手植えには苗が小さ過ぎて植えにくいこともあるが、より大きな障壁は、より大きな成苗を絶対視する当時の学説だった。

「こんな小さな苗がいいなんて、君は稲を研究する資格がない」

かつての飯山雪害試験地（長野県飯山市）

長火鉢の上で育苗試験

当時の慣行苗と稚苗（右）

ある研究成果発表会で、稚苗の研究成果を発表した時、松田はこういって罵倒された。罵倒したのは、当時の稲作研究の最高権威、元農林省農事試験場長の寺尾博《てらおひろし》であった。

寺尾に叱られた松田はいったん引き下がり、稚苗を苗代に仮植えすることにした。だが彼はここでも独自の工夫を凝らしている。

育苗箱に8ミリ弱間隔の溝ができるよう新聞紙を折り込む。そこに床土をつめ、種子を播く。発芽後10日余りで、溝ごとに根が絡み、短冊状の土付き稚苗ができる。これを1条ずつ苗代に条《すじ》植え（仮植え）するというのが、彼のアイデアだった。

「せっかくの稚苗を、もう一度苗代に仮植えするなんて」

〈稚苗の直植《じかう》え〉を是とする松田にとって、これはさぞ気の進まぬ研究だったろう。だがそれが、稚苗を田植機に結びつけた結果になった。規格品のように揃った土付き稚苗は、だれがみても機械植えに向いてみえる。稚苗仮植えの試験を行った全国の試験場から、逆に稚苗直植えの効果が報告され、機械化を望む声が寄せられるようになったのである。

回り道にみえた稚苗仮植えの研究は、皮肉なことに、稚苗を直植えに、しかも機械移植に直結させる結果になっていった。

農家が共同研究者

苗代で育てた成苗から育苗箱育ちの稚苗へ。戸外の育苗から屋内の育苗へ。

松田の室内育苗はわが国稲作史上に突発した「地動説」といってよい。正直に白状すれば、当時試験場で稲作研究に従事していたわたしも、「こんなちっぽけな苗が……」と信じなかった一人である。

異端といわれた松田の室内育苗法だが、最初から彼に味方したのは飯山の農家だった。味方というより、共同研究者だったといった方が正しいだろう。松田とともに稚苗早植えを実践した農家の集い「奥信濃《おくしなの》水稲早植研究会」は、最盛期には8500人を擁した。農家の後押しがなければ、彼もあそこまで踏ん張れなかったに違いない。

田植機の普及によって、室内育苗は今や全国稲作農家の技術になった。最近は土に代わる軽量培土が出回り、保温施設を使わない戸外の箱育苗も多くなった。だがそのすべてが、箱か枠に密植された土つきの若苗であることには変わりがない。室内育苗は今では、オールジャパン技術といってよい。

平成6年（1994）、水稲室内育苗法の創始者松田順次は、長野県大町《おおまち》市の自宅で87歳の生涯を閉じた。

葬儀の際、彼とともに「室内育苗」を完成させた農家の集い、「早植研究会」改め「松田会」が贈った弔電は、松田を慕う農家の気持ちをよく伝えている。

「先生は百姓のための生産技術を、百姓と一緒に試験研究された技術者でした。我が身を捨てて上司と徹底口論されたこともあり、こんな先生が好きでした。これからは好きな酒をゆっくり飲んで、気持ちよく酔ってください。先生さようなら」

今もつづく「松田会」

もう10年も昔になるが、粉雪の舞う2月のある日、雪に埋もれた飯山市を訪ねた。室内育苗育ての親、松田順次はすでに亡くなっていたが、彼を慕う農家の集い、「松田会」が健在と聞いたからである。

飯山では会員の山崎七郎・小川久夫・小野恒一の3氏が迎えてくださった。案内役の長野県農事試験場堀内寿郎育種部長（当時）を含めた5人の歓談は、生前の松田を偲び、尽きることがなかった。

飯山の遠景

松田順次の頌徳碑（長野県飯山市）

「松田先生は雪の中をカンジキで農家を回り、熱心に教えてくれたもんです」

「先生のおかげで、米が1石も余分にとれるようになり、やっと人並みの暮らしができるようになりました」

こもごも語ってくださった山崎さんたちの姿は、今も忘れない。聞けば、御三方とも故人になられたとか。ご冥福を祈りたい。

歓談の後、松田順次ゆかりの地を訪ねた。雪害試験地は今ではＪＡ（農協）の育苗センター。構内の一画に、「水稲箱育苗発祥の地」の碑が建っていた。すっかり雪に埋もれたこの地から、日本の稲作を一変させる大技術革新の鳴動が起こったのかと思うと、感慨ひとしおだった。

飯山市の城山公園には松田の「頌徳碑」が建っている。敬服するのは、松田が亡くなって十数年も過ぎたというのに、毎年10月にこの碑の前で松田会総会が開かれていることである。会の前には、みんなで碑のしめ縄を交換し、周囲を清掃している。もちろん昨年も10月28日に開催された。

「少しでも多くの米をとり、少しでも豊かになりたい」という共通目標のもと、農家も試験場の研究者も燃えた、これはそんな昔のなつかしい物語である。

関口正夫の稚苗田植機

関口正夫

1918
〜
2006

稚苗直植えの広まり

農業技術のおもしろさは、一つの革新技術が生まれると、これが誘い水になって、つぎつぎに革新技術が生まれることである。

飯山雪害試験地で松田順次《まつだじゅんじ》が考案した稚苗土付き苗が誘い水となったのは、稚苗田植機であった。稚苗田植機を発明したのは、町の電気技術者関口正夫《せきぐちまさお》である。しかも関口に稚苗田植機の発明を勧めたのは、あの稚苗を罵倒した稲研究の大御所寺尾博《てらおひろし》であった。

じつは寺尾は当時、農電研究所（現在の電力中央研究所、千葉県我孫子市《あびこ》）の技術顧問として、農業電化推進の旗振り役をしていた。そこで目をつけたのが、室内育苗である。さっそく飯山に松田を訪ね、彼の助言を得て、それまでの練炭を電熱に代え、「電研育苗器」を完成させた。関口はその協力者だった。

電研育苗器は寺尾の努力で全国に広まった。だがそれが思わぬ結果を招いた。彼の意図は稚苗をいったん苗代に仮植えし、成苗になってから田植えするはずだったが、実際には稚苗直植《じかう》えを普及させる結果になった。〈健苗神話〉にとらわれない地方の研究者や農家の間で、稚苗直植えが広まりはじめたのである。

実際にみごとに育つ稚苗直植えの稲をみて、寺尾は自らの非を悟る。彼はここから自らの誤りを正しただけでなく、稚苗機械移植について真剣に考えるようになった。

昭和36年（1961）、寺尾は自らの構想について、当時農電研究所に出入りしていた関口に相談する。関口とは電研育苗器製作以来のつき合い。高名な老農学者と若い電気技術者とは奇妙な組み合わせだが、二人はなぜか気が合ったらしい。日本中の農家が待望久しかった田植機械の扉は、この二人の顔合わせによって開かれていった。

田植機開発の歩み

長野県農業試験場飯山試験地で松田順次が考案した稚苗が、今日の稚苗田植機につながるまでの経緯を述べる前に、明治以来の田植機の歴史に触れておこう。

わが国における田植機特許第1号は、明治31年（1898）に宮崎県南那珂《みなみなか》郡北郷《きたごう》村（現在の日南市北郷町《にちなん》）の農家河野平五郎が取得している。特許公報に載った図をみると、荷車のような人力牽引《けんいん》四条植機で、車をひくと歯車が回り、植えつけ爪が作動する。一見精巧そうだが、実際に田植えができたかどうか。残念ながら記録がない。ちなみに彼は若い時、西南戦争に薩軍兵士として従軍の経験をもつ。

河野の特許1号以来、昭和40年（１９６５）までに公報に載った田植機の特許・実用新案は合わせて５８７件。いかに田植機が切望されていたかがよくわかる。

ただ、さまざまなアイデアがみられるが、その多くが苗代で育てた慣行苗（「根洗成苗」と呼ぶ）を植える方式だった。

現在の田植機につながる「土付き苗」方式の1号機は大正12年（１９２３）に岡山市の渡辺《わたなべ》辨三《べんぞう》が発明した。こちらは苗代から土ごと切り取った帯状の大苗を苗枠に詰め、田植機を動かすと車の回転が苗枠に連動、苗を１株分ずつ筒に落とす仕掛けになっていた。

いっぽう、農林省の試験場が本格的に田植機研究に着手したのは、遅れて昭和30年代に入ってからである。

北海道農業試験場が根洗苗で、関東東山農業試験場（農事試験場）ではじめ根洗苗で、後に土付き苗田植機と苗取り機の組み合わせ方式について研究している。もちろん土付き苗といっても、苗代で育てた30日前後の成苗が対象である。現在の土付き稚苗田植機など、まったく考えおよばなかった。

人類初の実用田植機完成

寺尾博《てらおひろし》といえば、有名な水稲品種「陸羽１３２号」の育成者で、農林省農事試験場長も務めた大物である。その彼が生涯の最後に関口正夫に託した夢が田植機であった。

「関口君、今度は田植機をやってみないか。この機関銃の弾帯のように揃った苗を植えつける田植機ができないものだろうか」

昭和35年（１９６０）春、寺尾はかつて育苗器製作を手伝ってくれた関口に、こう声をかけ

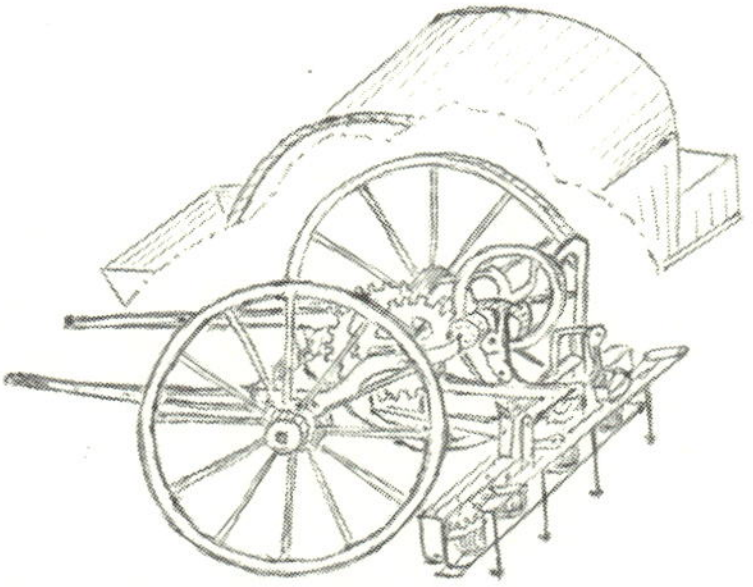

河野平五郎の田植機特許第１号

稚蚕飼育から生まれた育苗箱

水稲の育苗箱と電熱育苗器

た。当時、松田の室内育苗はすでに普及に移されていて、寺尾はその帯苗を適当な長さに切り落とすだけで、移植できると考えたのである。

寺尾には口説かれたが、関口はちゅうちょした。なにしろ彼は電気技術者で、農業はずぶの素人だった。だがもともと発明好きの彼は、寺尾に勤務先まで足を運んで頼まれると、断われなかった。36年（1961）、農事試験場で開催された試作田植機の公開試験に、稚苗の「落とし播き機」を引っさげて参加した。関口の試作第1号機である。

関口は翌年、今度は植えつけ爪が苗を植え込む試作2号機を試作する。だがここで大きな壁にぶち当たった。この年、後援者の寺尾博が亡くなったのである。窮地に立った関口を救ったのは、当時の農事試験場農機具部であった。寺尾の遺志を継ぎ、試作費に困る関口のために試作を引き受けてくれたのである。

昭和37年（1962）、さまざまな苦難を乗り越え、人類初の実用田植機は完成した。植えつけ爪によって短冊状の稚苗を切断し、同時に植え込む方式の人力一条田植機だった。この年、農事試験場（埼玉県鴻巣市）で開催された実演会では、他社の根洗苗試作機を尻目に、スイスイと植えつけていった。

人力から動力田植機へ

「オモチャのような機械がちっちゃな苗を植えてるが、あれで米が穫れるの？」

昭和40年（1965）、関口正夫の人力一条田植機がカンリウ工業（長野県塩尻市《しおじり》）から市販された時、世間にはこういう声が多かった。

だが「農研号」と命名されたこの田植機は4年間で4万台以上を売り尽くした。10アール当たり2・5～3時間で田植えできたから、手植えの7～8倍。15万円という価格も手ごろだったのだろう。

とはいえ、人力田植機は短期間で姿を消す。後を追うように動力田植機が開発されたからだが、この機械がわが国の稲作史に残した功績は大きかった。それまで苗代仕立ての大苗にこだわっていた農家の呪縛を解き、稚苗機械移植時代の幕を開けた尖兵は、なんといっても関口の農研号である。昭和42年（1967）、最初の動力二条田植機がダイキン工業から市販される。ここからは動力多条田植機がつぎつぎに世に出るようになった。

田植機の普及を加速させたつぎのエポックは、昭和43年（1968）に久保田鉄工（現在のクボタ）が市販した「マット苗」田植機の誕生である。それまでは育苗箱に仕切り枠を置き、帯苗《おびなえ》や紐苗《ひもなえ》をつくることが要求されたが、マット苗はただ種子をばら播くだけですむ。稚苗田植機が急速に普及したのはこの時からで、50年代のはじめには日本中のほとんどの水田が、機械移植に変わっていた。

世界を驚かせた稚苗田植機。じつはその田植機発明の先達・関口正夫はちょうど平成18年（2006）6月、ひっそり息を引き取った。享年88。稚苗田植機が社会に及ぼした影響の大きさに比べ、彼の社会的評価が十分でなかったことを、わたしは残念に思っている。

激減した田植え労働時間

関口正夫のオモチャのような人力田植機が世に出ておよそ40年。今ではすっかり日本中に行きわたった田植機だが、最近は新たに出荷される田植機の9割が乗用型で、さらにその6割がロータリー式田植機に変わってきている。

田植機に乗用型が多くなったのは昭和61年（1986）、農業機械化研究所（現在の生研センター、さいたま市）の山影征男《やまかげいくお》らが開発したロータリー田植機がきっかけである。駆動軸の1回転で2株が植えられるこの方式の採用は、それまでのクランク式に比べて田植機の走行スピードを速め、乗用のメリットを発揮させる結果になった。最近は十条ロータリー式などという大型田植機も姿をみせるようになった。

平成17年（2005）現在、田植え労働時間の全国平均は10アール当たり4・12時間、田植機誕生以前の昭和35年（1960）の26・3時間に比べて激減している。しかもかつての腰を屈める重労働と違って、今は車上ですいすい植えつけ作業ができる。昭和農業最大の技術革新といわれるゆえんである。

田植えの機械化が一応の決着をみたのは、さかのぼって昭和50年代のことである。同じ時期に自脱コンバインの発明によって決着をみた稲刈りの機械化と合わせて、この時期が稲作機械化の総仕上げの時期といってよいだろう。ただし、このころから水稲減反が本格化したのは、なんとも皮肉な巡り合わせというほかない。

とはいえ田植機の進化は今も続いている。最近は育苗や苗補給の省力化の研究も進んでいて、苗箱10箱分をつないだ無培土ロール・マット苗も実用化段階にある。

農業技術の無限の可能性

「田植機が入って、いちばん楽するのは母ちゃんだべな。なんしろ、ものすごい人気だもん

「農研号」と命名された田植機1号

乗用型田植機で労働時間が激減

な。来年はきっとドッと売れるよ」

昭和40年代中ごろ、新しい田植機の試演会が農村のあちこちで開催された時、集まった農家の間からはこんな声が聞かれた。

たしかに手植えの時代、手伝いに集まる親戚や近所の接待にもっとも気を使ったのは農家の主婦だった。田植機の登場で、その気苦労は解消した。彼女たちにとって田植機の出現は、なによりの朗報だったに違いない。

田植えの機械化は母ちゃんだけでなく、農村社会、さらにいえばわが国の社会構造全体に大きな変革をもたらした。自脱コンバインの登場と合わせて、この時代の稲作機械化が農村労働力を急激に流出させ、わが国産業構造に大きな変革をもたらしたことは間違いない。

雪深い山里の研究者の育苗の工夫が、町の電気技術者の田植機発明を促し、やがて農業を変え、日本社会全体をも動かした。農業技術の無限の可能性を示唆するものである。

香村敏郎と水稲「日本晴」

香村敏郎

1930
〜

多収穫時代に貢献

「瑞穂の国」といわれるように、わが国の農業は遠い昔から、稲作を中心に発展してきた。その稲作の歴史のなかで、もっとも活気に満ち溢れていたのが、昭和30年から40年代にかけてではないだろうか。すぐ後ろに米過剰時代が迫っていたのだが、農家は増産に燃え、稲作史上空前の多収穫時代をつくりあげていった。

ところでこの時代に、農家が増産に燃えた背景には、それを支える多収技術がほぼ完成の域に達していたことがあげられる。つぎつぎ育成された短稈・穂数型の多収品種。これら品種によって倒伏を恐れる必要がなくなった肥培管理。新農薬の登場。室内育苗と稚苗田植機の発明など。これら近代技術が農家の増産意欲を後押しした。今振り返ってみると、農薬や化学肥料への過度の依存など反省点も多いが、この時期がわが国稲作史の一つの頂点であったことは疑う余地がないだろう。

愛知県農業試験場の香村敏郎《こうむらとしろう》らが、昭和38年（１９６３）に育成した「日本晴《にっぽんばれ》」は、この多収穫時代にもっとも貢献した品種といってよいだろう。強健・強稈で、多肥にしても倒れにくい。そのうえ良質で広域適応性に富み、つくりやすく、どこでもよく穫れた。多収を望む農家にとって、もっとも頼りになる味方が「日本晴」であったのである。

「日本晴」が生まれた安城の愛知県農試といえば、昭和のはじめ稲の神様岩槻信治《いわつきしんじ》が「千本旭《せんぼんあさひ》」「金南風《きんまぜ》」などの多収品種を育成した地として知られる。ただし香村の試験場入りは岩槻の死後3年目で、二人の間に面識はなかったという。

蛇足だが、「日本晴」の正式の読み方は〈ニッポンバレ〉。よく世間でいわれる〈ニホンバレ〉は誤りである。

世代促進利用集団育種法の採用

わが国稲作の黄金時代を築いた多収品種の「日本晴」だが、その育成に香村敏郎が着手したのは昭和32年（１９５７）。ちょうど「保温折衷苗代」の誕生と農薬の普及で、稲の早植えが可能となった時期であった。

早植えで多収が期待できるようになり、どこの試験場でも、従来の晩生中心の品種改良から、早中生品種中心への転換が急がれていた。香村がねらったのも、こうした早植え向き多収品種の育成であった。

香村の育種も、先輩の岩槻信治同様、型破りの手法を多く採用した。その一つが、当時わが国に紹介されたばかりの「世代促進利用集団育種法」の採用である。集団育種法では、交配後の初期世代をゴチャ混ぜにし、無選抜のまま経過させ、固定が進んだ第4～6世代から選抜する。これに日長処理を組み合わせ、初期世代年数を短縮するのが、世代促進利用集団育種法であった。

「日本晴」はこの方法で、わずか6年、8世代で世に出た。普通、水稲の品種改良には10年以上、十数世代を要するのに、である。この方法は以後、わが国水稲育種の本流になるのだが、「日本晴」の育成はその草分けでもあった。

世代促進には日長処理ができる温室が必要である。だが「日本晴」の育成をはじめた当時、愛知県農試には日長処理が可能な温室はなかった。そこで彼らは網室にガラスを張り、火鉢や育雛《いくすう》用電球で加温、黒布で稲を覆い、世代促進に挑戦した。その熱意が通じ、世代促進温室はまもなく整備されたが、それでも最初は管理がうまくいかず、せっかくの育成途上の稲が不稔になることも多かった。「日本晴」はこうした「薄氷を踏むような」香村らの苦心の末に、育成された品種であった。

「現場百遍」の成果

愛知県農業試験場の香村敏郎らの「日本晴」の育成には、もう一つの常識破りがあった。この品種の両親は「ヤマビコ」×「幸風《さちかぜ》」といわれる。だが正確には、前者は農林省東海近畿農試から配布された育種途上の系統「東海7号」で、後者はまだ雑種4代の、「幸風」につながる未固定系統であった。香村は後に当時を振り返って、「思いつきの交配」といっているが、それができた育種家のカンが、この不世出の品種を生み出した。彼の好きな言葉に「現場百遍」というのがあるが、そこで培った自信がこの成果につながったのだろう。

昭和38年（1963）、「日本晴」は世に出た。直後から多収を望む農家の強い支持を受け、普及面積を増やしていった。今でこそ、「コシヒカリ」に席を譲ったが、半世紀前のわが国水田は「日本晴」で埋め尽くされていた。特に昭和45～53年（1970～78）の9年間はこの品種が独走し、昭和51年（1976）には最高36万ヘクタールにまで達している。

この記録は、昭和14年（1939）の「陸羽132号」の記録23万ヘクタールを、37年ぶりに破った大記録で、60年（1985）に「コシヒカリ」に破られるまで、1品種当たりの最高普及面積であった。香村らが育成した品種には、「日本晴」のほか、「黄金晴《こがねばれ》」「初星《はつぼし》」「中生新《なかてしん》千本《せんぼん》」などがある。一時は品種別栽培面積20位までに10品種以上がランクされ、全国シェアの20％近くを占めたという。創始者岩槻信治以来の、愛知県農試水稲育種の伝統を、まざまざとみせつけられた気がする。

日本型稲の基準品種

香村敏郎らが「日本晴」を育成した愛知県農業試験場には、「育種家は先輩の背中をみて育つ」という言い伝えがあったという。その言い伝え通り、先輩の背中をみて大きく育った香村も、後輩たちに背中をみせながら、昭和63年（1988）、愛知県農総試場長を最後に退職した。最近は、自宅で東洋蘭や花菖蒲《しょうぶ》の育種を楽しんでいると聞く。育種家の根性は、いつまで

「日本晴」を世に出した世代促進温室

強健、強稈で多収性に富む「日本晴」

日本晴育種記念碑（愛知県安城市）

も消えぬものらしい。

愛知県安城市の旧農試本場正門近くには、「日本晴」と、これを育成した香村らの栄誉を称える記念碑が建っている。ここは現在、水田利用グループの試験地になっているが、これからも香村の背中をみて育った後輩たちが優良品種を育成していくに違いない。

最盛期には、北は福島県から南は宮崎県まで、31府県で広く栽培された「日本晴」だが、最近はさすがに見かけなくなった。だが「日本晴」は今も二つの世界で生きつづけている。

その一つが食味テスト。最近は良食味品種がつぎつぎ育成されているが、その検査を司る日本穀物検定協会が基準米としているのが、滋賀県湖南産の「日本晴」1等米である。広域適用性にすぐれ、食味が中庸で、米質に作柄によるフレがないというのが、基準米に選ばれた理由であるという。

もう一つは、世界中の研究者が参加して進められたイネゲノム解析研究。食料不足が心配されるこれからの世界の稲作を担う重要な研究だが、「日本晴」が日本型稲の基準品種として利用されている。「日本晴」はこれからも人類の宝として、農業の発展に貢献していくだろう。

日本列島には、どこの土にも「農の軌跡」が刻まれている。明治以来、日本農業は何度も逆風にさらされたが、いつもこれを撥《は》ね除《の》け、前進する力となったのが、先人から受け継がれた知恵と工夫であった。

あとがき

本書は、平成19年（２００７）の1月1日から7月1日まで、１５１回にわたって日本農業新聞に連載された「農の軌跡」をもとに補筆し、さらに4話・18回分を追加し、再編集したものである。

農業技術を創り出しているのは人だけではない。彼らが育った風土が彼らの叡知《えいち》をはぐくみ、革新技術を創りあげている。執筆に当たっては当然ながら、彼らを育てた現地の風土に触れ、彼らが汗した田畑をこの目でみることをこころがけた。

そのため、多くの関係者にたいへんお世話になり、また貴重な資料や写真も、数多くご提供いただいた。この場を借りて、心からお礼を申し上げておきたい。

本書に挿入した絵は、日本農業新聞連載の際に後藤泱子さんにお願いしたもの、および同じ彼女にお願いした農業共済新聞連載の拙文の挿絵からも数枚選び、使わせていただいた。彼女には先人の一部の肖像画もお願いした。度重なるご協力に、深く感謝申し上げる。

最後に、本書のもととなった「農の軌跡」執筆の機会を与えてくださった日本農業新聞編集局の和栗好邦局長（現在は常勤監査役）・営農生活部の大倉康伸部長（現在は編集委員）ほかのみなさん、さらに出版化にご協力いただいた日本農民新聞の吉川駿さん、刊行に当たってお世話になった創森社の相場博也さんをはじめとする編集関係のみなさんに心から感謝申し上げる。

著者

◆本書の内容関連年表　わが国の農業技術の歩み

慶応2年（1866）	田中芳男がリンゴの接ぎ木を実演（わが国のリンゴ接ぎ木1号）。
明治4年（1871）	北海道開拓使官園がリンゴなどの苗木の増殖配布を開始。
5年（1872）	内藤新宿に内務省勧業寮（農林省の前身）と試験場設立。
10年（1877）	三田薩摩屋敷跡（現、港区芝）に三田育種場が開設された。
	丸尾重次郎（兵庫県）が水稲「神力」を発見。
11年（1878）	駒場野（現、目黒区駒場）に駒場農学校が開校。
13年（1880）	兵庫県印南新村（現、稲美町）に播州葡萄園開設。
21年（1888）	松戸覚之助（千葉県）がナシ「二十世紀」を発見。
	田中芳男が「田中ビワ」を育成。
22年（1889）	本多三學（宮城県）が水稲「愛国」の種子を入手。
26年（1893）	阿部亀治（山形県）が水稲「亀ノ尾」を発見。
	川上善兵衛（新潟県）の岩の原葡萄園で最初のブドウを収穫。
28年（1895）	江頭庄三郎（北海道）が水稲「坊主」を発見。
31年（1898）	山田いち（埼玉県）がサツマイモ「紅赤」を発見。
32年（1899）	福羽逸人が新宿植物御苑（現、新宿御苑）で「福羽いちご」を育成。
35年（1902）	萩原清作（静岡県）が石垣イチゴの栽培法を発想。
37年（1904）	加藤茂苞（農事試畿内支場）がわが国初の人工交配育種に着手。
38年（1905）	末武安次郎（北海道）が水稲たこ足直播栽培を開発。
39年（1906）	高橋久四郎（滋賀県農試）は水稲「近江錦」を育成（わが国初の人工交配品種）。
	北脇永治（鳥取県）がナシ「二十世紀」の苗木を鳥取県に移植。
41年（1908）	山本新次郎（京都府）が水稲「旭」を発見。
	杉山彦三郎（静岡県）が茶「やぶきた」を発見。
明治末～大正初	関野茂七（埼玉県）がキュウリ「落合節成」を育成。
大正10年（1921）	寺尾博・仁部富之助ら（農事試陸羽支場）が「陸羽132号」を育成。

12年（1923）萩原清作・新谷啓太郎が石垣イチゴ用コンクリート板を開発。

昭和2年（1927）西崎浩（岡山県）が国産初の耕うん機を発売。

3年（1928）佐藤栄助（山形県）がサクランボ「佐藤錦」を育成。

5年（1930）坂田武雄（坂田商会）が八重咲きペチュニアを育成（5年ころ）。

6年（1931）並河成資・鉢蠟清香ら（新潟県農試）が水稲「農林1号」を育成。

7年（1932）川上善兵衛（新潟県）が『葡萄全書』を刊行（〜8年）。

9年（1934）松永高元ら（沖縄県農試）がサツマイモ「沖縄100号」を育成。

藤井康弘（岡山県）が国産初の実用耕うん機「丈夫号」を発売。

11年（1936）押田幹太（奈良県農試）が茶の挿木繁殖法を開発。

13年（1938）水野豊造（富山県）がチューリップ球根をアメリカに初輸出。

17年（1942）荻原豊次（長野県）が水稲保温折衷苗代を考案。

18年（1943）高橋米太郎（東京都）がウド穴蔵軟化栽培を考案。

19年（1944）小松一太郎ら（佐賀県農試）が小麦「農林61号」を育成。

21年（1946）大井上康（理農学研究所）がブドウ「巨峰」を育成。

22年（1947）岡村勝政（長野県農試）が水稲保温折衷苗代を実用化。

24年（1949）田中稔ら（青森県農試）が水稲「藤坂5号」を育成。

28年（1953）二宮敬治（静岡県農試）がイチゴの「山上げ」育苗を開発。

30年（1955）松田順次（長野県農試）が水稲室内育苗を考案。

和歌山県南部川村がウメ「南高」を選定。40年に種苗登録。

31年（1956）石墨慶一郎ら（福井県農試）が水稲「コシヒカリ」を育成。

36年（1961）青森県が水稲深層追肥栽培を奨励。

37年（1962）定盛昌助ら（園芸試験場東北支場）がリンゴ「ふじ」を育成。

38年（1963）香村敏郎ら（愛知県農試）が水稲「日本晴」を育成。

39年（1964）刀根淑民（奈良県）がカキ「刀根早生」を発見。55年に新品種認定。

40年（1965）関口正夫（東京都）が人力稚苗田植機を開発。カンリウ工業（長野県）が市販。

43年（1968）久保田鉄工（大阪府）がマット苗田植機を市販。

◆主な引用・参考文献一覧

『日本農業発達史1〜10』日本農業発達史調査会編　中央公論社
『農林漁業顕彰業績録』日本農林漁業振興会編
『稲の品種改良』瀬古秀生監修　全国米穀配給協会
『昭和農業技術への証言　6集』西尾敏彦編　農文協
「日本の博物館の父田中芳男」飯田美術博物館
「明治農学の創始者田中芳男」田中義信著　昭和農業技術研究会
「農学博士子爵福羽逸人先生追慕録」逸話会
「播州葡萄園百二十年」稲美町教育委員会
『川上善兵衛伝』木島章著　サントリー株式会社
『稲の銘—稲民間育種の人々—』池隆肆著　自費出版
『育種の原点』菅洋著　農文協
「老媼山田いち女に農界最高の富民賞」東京日日新聞　昭和六年九月三〇日「埼玉版」
「紅赤の一〇〇年」川越いも友の会、紅赤百年記念誌編集委員会
『さつまいも』坂井健吉著　法政大学出版局
「はばたけ二十世紀梨—松戸覚之助の大発見物語—」松戸市文化ホール紀要
『鳥取二十世紀梨百年の歩み』井上耕介・内田正人著　全国農業協同組合連合会鳥取県本部
『卜蔵七十年の回顧』卜蔵梅之丞著　自費出版
『杉山彦三郎伝』静岡県茶業会議所
『幕末日本探訪記』ロバート・フォーチュン（三宅馨訳）講談社学術文庫
「静岡イチゴのあゆみ」二宮敬治著　静岡県経済連
「農事試験場畿内支場における育種」野口弥吉編　日本農業研究所
「竹崎嘉徳先生の思い出」竹崎嘉徳先生の思い出刊行事業会
『大曲一〇〇年の研究とおもいで』東北農業試験場
『野の鳥の生態』仁部富之助著　大修館書店

主な引用・参考文献一覧

『果樹品種名雑考』農業技術協会
『文化する郷土』吉池昌一編　岩槻技師業績顕彰会
『おもかげ～岩槻信治小伝～』岩槻信治述　岩槻技師業績顕彰会
『続・稲の品種改良』瀬古秀生監修　全国米穀配給協会
『北の国の直播』北海道農業試験場
『心の柱―土を耕す我が半生の記録』藤井康弘著　世紀社出版
『耕耘機誕生』和田一雄著　富民協会
『種子に生きる坂田武雄追想録』坂田種苗株式会社
『沖縄に於ける甘藷の育種事業とその業績の概要』井浦徳著　農林省農業改良局研究部
「農林一号と並河顕彰会」並河顕彰会
「原村試験地半世紀のあゆみ」長野県農事試験場原村試験地編
『巨峰ブドウ栽培の新技術』恒屋棟介著　博友社
『東京うど物語』東京うど物語編集委員会編　東京うど生産組合連合会
『植物学者モーリッシュの大正ニッポン観察記』ハンス・モーリッシュ著（瀬野文教訳）草思社
『野菜つくりの昭和史―熊澤三郎のまいた種子―』月川雅夫著　養賢堂
「ふじの育成と盛岡支場におけるリンゴの育種」ふじ育成グループ　河北文化賞受賞記念出版
『北国のイネを育てた男』青森県農業試験場編　田中稔稲作顕彰会
『北の稲と四〇年』田中稔著　家の光協会
『南高梅と共に歩んだ私の人生』小山貞一著　自費出版
『コシヒカリ』日本作物学会北陸支部・北陸育種談話会編　農文協
『水野豊造原稿集』水野豊孝編　自家出版
『富山県花卉球根農業協同組合創立30周年記念誌』富山県花卉球根農業協同組合編
「刀根早生回顧」福長信吾著「奈良の果樹」一九九九年
『仰臥漫録』正岡子規著　岩波文庫
「広域適応性品種日本晴の育成」香村敏郎『農業』一三〇〇号
『長野県農事試験場飯山試験地五〇年のあゆみ』長野県農事試験場編
「田植機械化への道を開いた室内育苗」姫田正美『研究ジャーナル』一六巻

人名さくいん（五十音順）

多くの技術革新によって、米の安定生産が実現

●

デザイン――寺田有恒
ビレッジ・ハウス
挿画――後藤決子
カバー画――「舶来穀菜要覧」表紙絵コラージュ
写真――西尾敏彦　樫山信也　熊谷 正　ほか
写真協力――農研機構果樹研究所　本田商店　向日市文化資料館
庄内町資料館　サカタのタネ　軽井沢役場
日本巨峰会　富山県花卉球根農協　ほか
校正――吉田 仁

著者プロフィール

●西尾敏彦（にしお　としひこ）

1931年、長野県生まれ。東京大学農学部卒業。農学博士。1956年、農林省入省。四国農業試験場、九州農業試験場、農業研究センターなどで水稲などの研究に従事。1990年農林水産技術会議事務局長を最後に退官。㈳農林水産情報協会理事長、㈶日本特産農産物協会理事長を歴任。現在、㈳農林水産情報協会名誉会長。

著書に『イソップ風農業研究ものがたり』（養賢堂）、『農業技術を創った人たちⅠ、Ⅱ』（家の光協会）、『新編農学大事典』（共同監修・分担執筆、養賢堂）、『昭和農業技術への証言1～7集』（編著、農文協）など

農《のう》の技術《ぎじゅつ》を拓《ひら》く

2010年5月21日　第1刷発行

著　　者――西尾敏彦《にしおとしひこ》

発 行 者――相場博也

発 行 所――株式会社 創森社

〒162-0805 東京都新宿区矢来町96-4

TEL 03-5228-2270　FAX 03-5228-2410

http://www.soshinsha-pub.com

振替00160-7-770406

組　　版――有限会社 天龍社

印刷製本――中央精版印刷株式会社

 ISBN978-4-88340-248-9 C0061